上岗轻松学

数码维修工程师鉴定指导中心 组织编写

图解 智能手机维修 快速入门

主　编　韩雪涛
副主编　吴　瑛　韩广兴

U0308608

机 械 工 业 出 版 社

本书完全遵循国家职业技能标准和电子领域的实际岗位需求，在内容编排上充分考虑智能手机维修的技术特点和技能应用，按照学习习惯和难易程度将智能手机维修相关技能划分为13章，即：智能手机的结构组成和工作原理、智能手机的故障表现与检修分析、智能手机的常规设置与病毒防治训练、智能手机的信息安全与数据恢复训练、智能手机的升级与刷机训练、智能手机组成部件的检测代换训练、射频电路的结构原理与检修训练、语音电路的结构原理与检修训练、微处理器及数据处理电路的结构原理与检修训练、电源及充电电路的结构原理与检修训练、操作及屏显电路的结构原理与检修训练、接口电路的结构原理与检修训练、其他电路的故障表现与检修方法。

学习者可以看着学、看着做、跟着练，通过"图文互动"的全新模式，轻松、快速地掌握智能手机维修技能。

书中大量的演示图解、操作案例以及实用数据可以供学习者在日后的工作中方便、快捷地查询与使用。另外，本书还附赠面值为50积分的学习卡，读者可以凭此卡登录数码维修工程师的官方网站获得超值服务。

本书是新型电子产品维修初学者的必备用书，还可供从事电子行业生产、调试、维修的技术人员和业余爱好者参考。

图书在版编目（CIP）数据

图解智能手机维修快速入门 / 韩雪涛主编 ；数码维修工程师鉴定指导中心组织编写 . -- 北京 ：机械工业出版社，2016.4
（上岗轻松学）
ISBN 978-7-111-53189-0

Ⅰ．①图… Ⅱ．①韩… ②数… Ⅲ．①移动电话机－维修－图解
Ⅳ．①TN929.53-64

中国版本图书馆CIP数据核字（2016）第045569号

机械工业出版社（北京市百万庄大街22号　邮政编码100037）
策划编辑：陈玉芝　责任编辑：王振国
责任校对：薛　娜　责任印制：乔　宇
保定市中画美凯印刷有限公司印刷
2016年6月第1版第1次印刷
184mm×260mm · 14.25印张 · 276千字
0001—4000册
标准书号：ISBN 978-7-111-53189-0
定价：39.80元

凡购本书，如有缺页、倒页、脱页，由本社发行部调换

电话服务　　　　　　　　　　　　网络服务
服务咨询热线：010-88361066　　　机工官网：www.cmpbook.com
读者购书热线：010-68326294　　　机工官博：weibo.com/cmp1952
　　　　　　　010-88379203　　　金书网：www.golden-book.com
封面无防伪标均为盗版　　　　　　教育服务网：www.cmpedu.com

编 委 会

主　编　韩雪涛

副主编　吴　瑛　韩广兴

参　编　梁　明　宋明芳　周文静　安　颖

　　　　张丽梅　唐秀鸯　张湘萍　吴　玮

　　　　高瑞征　周　洋　吴鹏飞　吴惠英

　　　　韩雪冬　王露君　高冬冬　王　丹

前　言

　　智能手机维修技能是通信设备维修人员必不可少的一项专项、专业、基础、实用技能。该项技能的岗位需求非常广泛。随着技术的飞速发展以及市场竞争的日益加剧，越来越多的人认识到实用技能的重要性，智能手机维修的学习和培训也逐渐从知识层面延伸到技能层面。学习者更加注重智能手机维修的实操演示和实用技巧，渴望知道智能手机维修这项技能应具备哪些专业知识，智能手机故障应如何判别和排查。然而，目前市场上很多相关的图书仍延续传统的编写模式，不仅严重影响了学习的时效性，而且在实用性上也大打折扣。

　　针对这种情况，为使智能手机维修人员快速掌握技能，及时应对岗位的发展需求，我们对智能手机维修内容进行了全新的梳理和整合，结合岗位培训的特色，根据国家职业技能标准组织编写构架，引入多媒体出版特色，力求打造出具有全新学习理念的智能手机维修入门图书。

在编写理念方面

　　本书将国家职业技能标准与行业培训特色相融合，以市场需求为导向，以直接指导就业作为图书编写的目标，注重实用性和知识性的融合，将学习技能作为图书的核心思想。书中的知识内容完全为技能服务，知识内容以实用、够用为主。全书突出操作，强化训练，让学习者阅读图书时不是在单纯地学习内容，而是在练习技能。

在编写形式方面

　　本书突破传统图书的编排和表述方式，引入了多媒体表现手法，采用双色图解的方式向学习者演示智能手机维修技能，将传统意义上的以"读"为主变成以"看"为主，力求用生动的图例演示取代枯燥的文字叙述，使学习者通过二维平面图、三维结构图、演示操作图、实物效果图等多种图解方式直观地获取实用技能中的关键环节和知识要点。本书力求在最大程度上丰富纸质载体的表现力，充分调动学习者的学习兴趣，达到最佳的学习效果。

在内容结构方面

　　本书在结构的编排上，充分考虑当前市场的需求和读者的情况，结合实际岗位培训的经验对智能手机维修这项技能进行全新的章节设置；内容的选取以实用为原则，案例的选择严格按照上岗从业的需求展开，确保内容符合实际工作的需要；知识性内容在注重系统性的同时以够用为原则，明确知识为技能服务，确保图书的内容符合市场需要，具备很强的实用性。

在专业能力方面

　　本书编委会由行业专家、高级技师、资深多媒体工程师和一线教师组成，编委会成员除具备丰富的专业知识外，还具备丰富的教学实践经验和图书编写经验。

　　为确保图书的行业导向和专业品质，特聘请原信息产业部职业技能鉴定指导中心资深专家韩广兴担任顾问，亲自指导，以使本书充分以市场需求和社会就业需求为导向，确保图书内容符合职业技能鉴定标准，达到规范性就业的目的。

在增值服务方面

　　为了更好地满足读者的需求，达到最佳的学习效果，本书得到了数码维修工程师鉴定指导中心的大力支持，除提供免费的专业技术咨询外，还附赠面值为50积分的数码维修工程师远程培训基金（培训基金以"学习卡"的形式提供）。读者可凭借学习卡登录数码维修工程师的官方网站（www.chinadse.org）获得超值技术服务。该网站提供最新的行业信息，大量的视频教学资源、图样、技术手册等学习资料以及技术论坛。用户凭借学习卡可随时了解最新的数码维修工程师考核培训信息，知晓电子、电气领域的业界动态，实现远程在线视频学习，下载需要的图样、技术手册等学习资料。此外，读者还可通过该网站的技术交流平台进行技术交流与咨询。

　　本书由韩雪涛任主编，吴瑛、韩广兴任副主编，梁明、宋明芳、周文静、安颖、张丽梅、唐秀鸯、王露君、张湘萍、吴鹏飞、韩雪冬、吴玮、高瑞征、吴惠英、王丹、周洋、高冬冬参加编写。

　　读者通过学习与实践还可参加相关资质的国家职业资格或工程师资格认证，可获得相应等级的国家职业资格证书或数码维修工程师资格证书。如果读者在学习和考核认证方面有什么问题，可通过以下方式与我们联系。

数码维修工程师鉴定指导中心
网址：http://www.chinadse.org
联系电话：022-83718162/83715667/13114807267
E-mail:chinadse@163.com
地址：天津市南开区榕苑路4号天发科技园8-1-401
邮编：300384

　　希望本书的出版能够帮助读者快速掌握智能手机维修技能，同时欢迎广大读者给我们提出宝贵建议！如书中存在问题，可发邮件至cyztian@126.com与编辑联系！

编　者

目录

第1章　智能手机的结构组成和工作原理

1.1
智能手机的结构组成

1.1.1　智能手机的整机结构

　　智能手机是一种具有独立操作系统，可通过移动通信网络接入无线网络，而且能够安装多种由第三方提供的应用程序，来对手机功能进行扩充的一种通信设备。其种类多样，设计各具特色。

　　通过对比，不难发现，不论智能手机的设计如何独特，外形如何变化，我们都可以在智能手机上找到显示屏、按键、摄像头、听筒、话筒、扬声器、耳麦插孔、USB接口、HDMI插孔和存储卡插孔等。

【不同设计风格的智能手机】

　　整个智能手机被外壳罩住，从智能手机的正面，所看到的类似玻璃材质的器件就是显示屏。

　　智能手机一般采用双摄像头，分别位于智能手机的正面和背面；拿起智能手机自然贴近耳朵的部位是手机的听筒位置；智能手机下方或底部呈孔状的部位是话筒的位置；背部或侧面孔状或网状的镂空式部位是扬声器的位置；耳麦插孔、USB接口、HDMI插孔等分别位于智能手机的侧面。

【智能手机的整机结构】

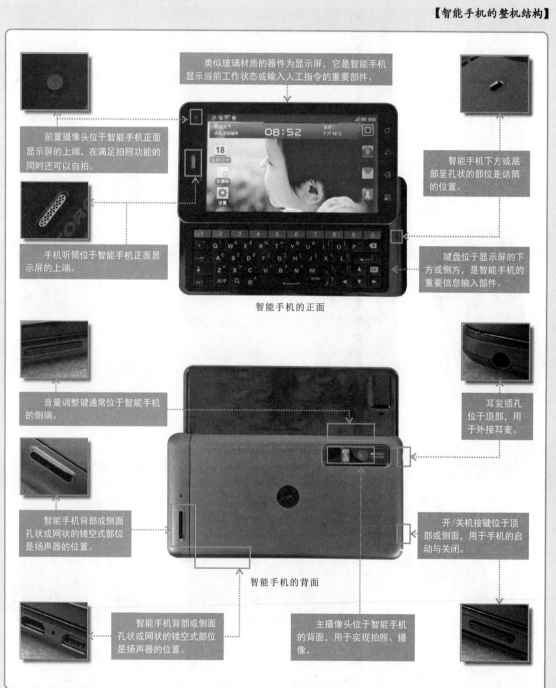

类似玻璃材质的器件为显示屏，它是智能手机显示当前工作状态或输入人工指令的重要部件。

前置摄像头位于智能手机正面显示屏的上端，在满足拍照功能的同时还可以自拍。

智能手机下方或底部呈孔状的部位是话筒的位置。

手机听筒位于智能手机正面显示屏的上端。

键盘位于显示屏的下方或侧方，是智能手机的重要信息输入部件。

智能手机的正面

音量调整键通常位于智能手机的侧端。

耳麦插孔位于顶部，用于外接耳麦。

智能手机背部或侧面孔状或网状的镂空式部位是扬声器的位置。

开/关机按键位于顶部或侧面，用于手机的启动与关闭。

智能手机的背面

智能手机背部或侧面孔状或网状的镂空式部位是扬声器的位置。

主摄像头位于智能手机的背面，用于实现拍照、摄像。

1.1.2 智能手机的内部结构

对智能手机的整机结构有所了解之后，下面继续深入了解一下智能手机的内部结构。通常智能手机的内部主要由显示屏、主电路板、电池、屏蔽罩等构成。

【典型智能手机的内部结构】

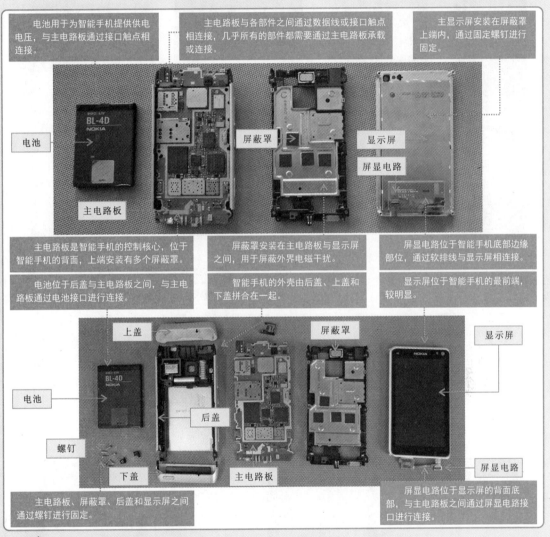

电池用于为智能手机提供供电电压，与主电路板通过接口触点相连接。

主电路板与各部件之间通过数据线或接口触点相连接，几乎所有的部件都需要通过主电路板承载或连接。

主显示屏安装在屏蔽罩上端内，通过固定螺钉进行固定。

电池

屏蔽罩

显示屏

屏显电路

主电路板

主电路板是智能手机的控制核心，位于智能手机的背面，上端安装有多个屏蔽罩。

屏蔽罩安装在主电路板与显示屏之间，用于屏蔽外界电磁干扰。

屏显电路位于智能手机底部边缘部位，通过软排线与显示屏相连接。

电池位于后盖与主电路板之间，与主电路板通过电池接口进行连接。

智能手机的外壳由后盖、上盖和下盖拼合在一起。

显示屏位于智能手机的最前端，较明显。

上盖

屏蔽罩

显示屏

电池

后盖

螺钉

下盖

主电路板

屏显电路

主电路板、屏蔽罩、后盖和显示屏之间通过螺钉进行固定。

屏显电路位于显示屏的背面底部，与主电路板之间通过屏显电路接口进行连接。

1. 显示屏

显示屏是智能手机显示当前工作状态（例如电量、信号强度、时间/日期、工作模式等状态信息）或输入人工指令的重要部件，位于智能手机正面的中央位置，是人机交互最直接的窗口。目前，智能手机的主流显示屏主要可分为两大类，即普通LCD显示屏和TP显示屏。普通LCD显示屏是指不具有触摸功能的显示屏，通常应用于一些老式智能手机中；而TP显示屏俗称触摸显示屏，通常应用于一些新型的智能手机中。

普通LCD显示屏是指不
具有触摸功能的显示屏。

TP显示屏是指具有触摸
功能的显示屏。

TP显示屏只需触摸显示屏上的相关
功能图标即可进行人工指令的输入。

　　(1)普通LCD显示屏　普通LCD显示屏主要用于显示智能手机当前的工作状态、图像、视频等信息，通常采用液晶材料制作而成，该类型的智能手机需要通过键盘输入人工指令。

普通LCD显示屏主要用
于显示智能手机当前的工作
状态、图像、视频等信息。

通过键盘为
智能手机输入人
工指令。

特别提醒

普通LCD显示屏主要由液晶显示板、屏显电路和背部光源组件等构成。液晶显示板主要用于显示图像；液晶显示板的背面是背部光源，用于为液晶显示板照明；在液晶显示板中安装有屏显电路，为显示屏提供驱动信号。

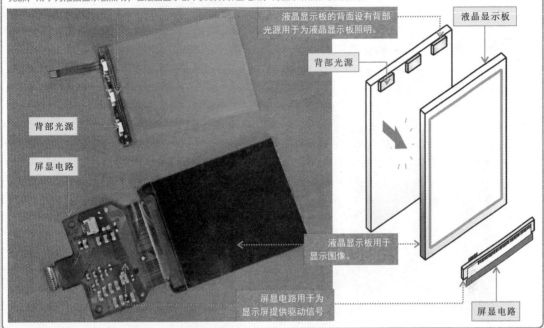

背部光源

屏显电路

液晶显示板的背面设有背部光源用于为液晶显示板照明。

背部光源

液晶显示板

液晶显示板用于显示图像。

屏显电路用于为显示屏提供驱动信号

屏显电路

液晶显示板主要用于显示视频、图像等，它是由很多整齐排列的像素单元构成的。每一个像素单元都是由R、G、B三个很小的三基色单元组成的。

【普通LCD显示屏分解图】

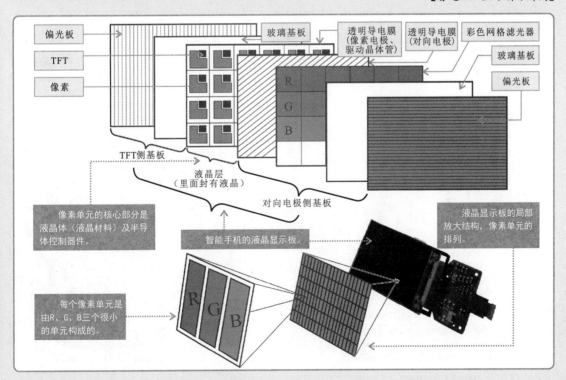

偏光板

TFT

像素

玻璃基板

透明导电膜（像素电极、驱动晶体管）

透明导电膜（对向电极）

彩色网格滤光器

玻璃基板

偏光板

R
G
B

TFT侧基板

液晶层（里面封有液晶）

对向电极侧基板

像素单元的核心部分是液晶体（液晶材料）及半导体控制器件。

智能手机的液晶显示板。

液晶显示板的局部放大结构，像素单元的排列。

每个像素单元是由R，G，B三个很小的单元构成的。

液晶显示屏是不发光的，在图像信号电压的作用下，液晶显示屏上不同部位的透光性不同。每一瞬间（一帧）的图像相当于一幅电影胶片，在光照的条件下才能看到图像，因此在液晶显示屏的背部要设有一个矩形平面光源。

【背部光源的构造】

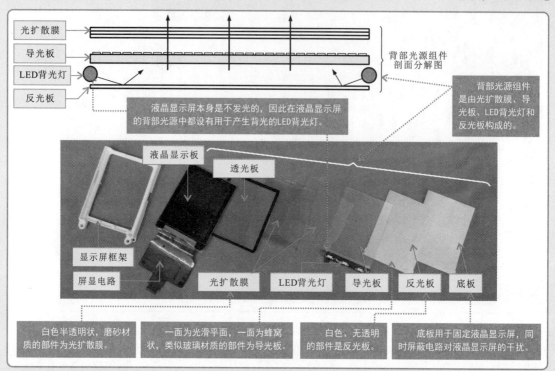

光扩散膜

导光板

LED背光灯

反光板

背部光源组件剖面分解图

背部光源组件是由光扩散膜、导光板、LED背光灯和反光板构成的。

液晶显示屏本身是不发光的，因此在液晶显示屏的背部光源中都设有用于产生背光的LED背光灯。

液晶显示板

透光板

显示屏框架

屏显电路

光扩散膜

LED背光灯

导光板

反光板

底板

白色半透明状，磨砂材质的部件为光扩散膜。

一面为光滑平面，一面为蜂窝状，类似玻璃材质的部件为导光板。

白色、无透明的部件是反光板。

底板用于固定液晶显示屏，同时屏蔽电路对液晶显示屏的干扰。

屏显电路主要是接收来自智能手机主电路板送来的图像数据信号，并将数据信号通过显示屏排线接口插座送到显示屏中，使显示屏显示相关的数据信息

【屏显电路的构造】

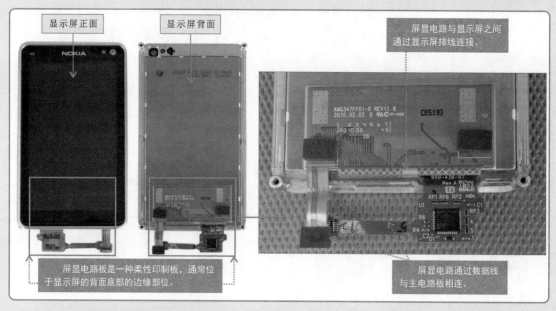

显示屏正面

显示屏背面

屏显电路与显示屏之间通过显示屏排线连接。

屏显电路板是一种柔性印制板，通常位于显示屏的背面底部的边缘部位。

屏显电路通过数据线与主电路板相连。

(2)TP显示屏 TP显示屏又称为触摸显示屏，它是一种可接收触摸输入信号的感应式液晶显示部件。TP显示屏除了具有普通LCD显示屏的显示功能外，还可通过触摸为智能手机输入人工指令。

【TP显示屏】

- TP显示屏具有普通LCD显示屏的显示功能。
- TP显示屏是一种可接收触摸输入信号的感应式液晶显示部件。
- 通过触摸TP显示屏为智能手机输入人工指令。

特别提醒

TP显示屏的构造与普通LCD显示屏基本类似，只是在普通LCD显示屏的基础上增加了一块触摸交互板，通过数据线与普通LCD显示屏或控制电路进行连接，从而通过触摸交互板为智能手机输入人工指令。

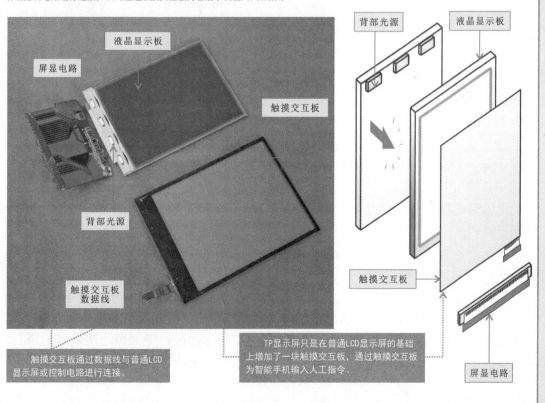

- 液晶显示板
- 屏显电路
- 触摸交互板
- 背部光源
- 触摸交互板数据线
- 背部光源
- 液晶显示板
- 触摸交互板
- 屏显电路
- 触摸交互板通过数据线与普通LCD显示屏或控制电路进行连接。
- TP显示屏只是在普通LCD显示屏的基础上增加了一块触摸交互板，通过触摸交互板为智能手机输入人工指令。

由TP显示屏的分解图可以看出，TP显示屏的液晶显示板、背部光源以及屏显电路与普通LCD显示屏基本相同，只是在普通LCD显示屏基础上增加了触摸交互板。

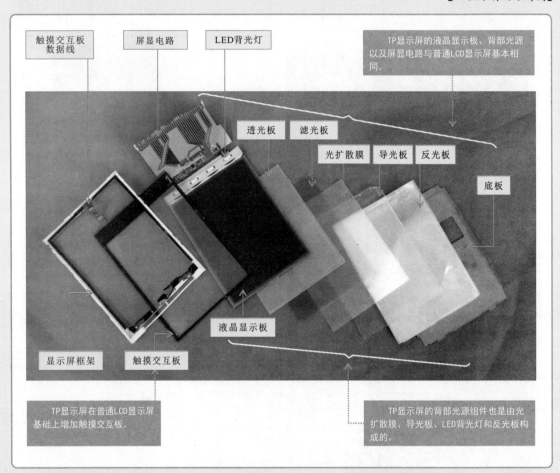

TP显示屏的种类有很多，即电阻式触摸显示屏、电容式触摸显示屏、红外线式触摸显示屏、表面声波式显示屏等。目前市场上流行的触摸显示屏主要为电阻式和电容式两种。

1）电阻式触摸显示屏：是利用压力感应原理实现屏幕交互功能的。采用电阻式触摸显示屏的手机，用户可以通过手指、指甲、屏写笔等在屏幕上进行触摸操作，利用压力在屏幕表面产生的形变完成交互过程。

由于电阻式触摸显示屏是利用压力感应方式，因此这种屏幕质地较软，俗称"软屏"，其主要特点是交互操作便捷、定位精确、成本相对低廉，适用于汉字手写方式。

电阻式触摸显示屏的主要部分是电阻薄膜屏。这种薄膜屏是一种高科技材料，由多层复合而成。电阻式触摸显示屏上、下各有一层导电涂层，中间由透明隔离点隔开绝缘。当手指或屏写笔接触按压屏幕表面时，上层的导电涂层即会发生形变，该位置（即按压部位）的上、下导电涂层便会接触，该位置的电阻随即变化，产生位置信号，并通过数据线传递给屏显驱动和控制电路，控制电路可准确计算出当前屏幕上的交互位置。

【电阻式触摸显示屏触摸交互板的构造与电路连接】

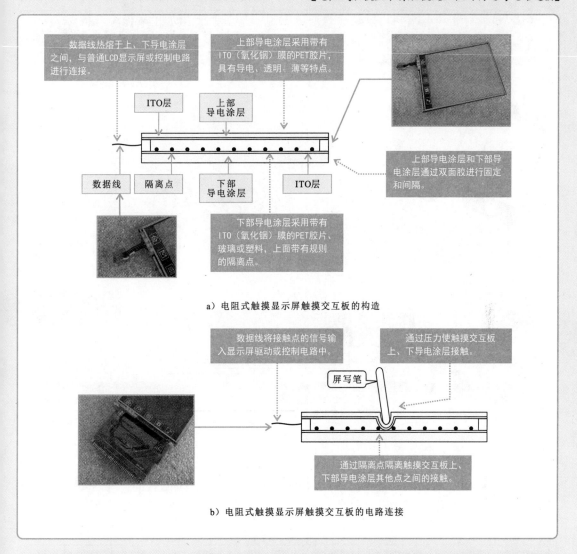

数据线热熔于上、下导电涂层之间，与普通LCD显示屏或控制电路进行连接。

上部导电涂层采用带有ITO（氧化铟）膜的PET胶片，具有导电、透明、薄等特点。

ITO层

上部导电涂层

数据线　隔离点　下部导电涂层　ITO层

上部导电涂层和下部导电涂层通过双面胶进行固定和间隔。

下部导电涂层采用带有ITO（氧化铟）膜的PET胶片、玻璃或塑料，上面带有规则的隔离点。

a）电阻式触摸显示屏触摸交互板的构造

数据线将接触点的信号输入显示屏驱动或控制电路中。

通过压力使触摸交互板上、下导电涂层接触。

屏写笔

通过隔离点隔离触摸交互板上、下导电涂层其他点之间的接触。

b）电阻式触摸显示屏触摸交互板的电路连接

2）电容式触摸显示屏：是利用人体的电流感应原理实现屏幕交互功能的。采用电容式触摸显示屏的手机，用户可以通过手指指肚（或身体其他裸露部位的表皮部分）在屏幕上进行触摸操作，然后利用人体的电场与屏幕表面产生的电流感应完成交互过程。

电容式触摸显示屏结构精密，为得到良好的保护效果，在电容式触摸显示屏的外层都会安装保护玻璃，因此，这种屏幕质地坚硬，俗称"硬屏"。其主要特点是交互操作十分方便，虽然受人体因素影响，精度不高，且受温度、湿度等环境因素影响较大，但这种触摸屏可以支持多点触摸技术，这使得它的交互功能更加灵活、多样。目前很多高端智能手机都开始采用电容式触摸显示屏。

电容式触摸显示屏在两层玻璃基板内镀有特殊金属导电涂层，并且在触摸屏的四周设有电极，当手指指肚与电容式触摸显示屏接触时，人体自身电场与屏幕表面就形成了耦合电容，屏幕四周就会输出相应的电流信号，这时控制电路便会根据电流比例及强弱，准确计算出触摸点的交互位置。

【电容式触摸显示屏的触摸交互板的构造与电路连接】

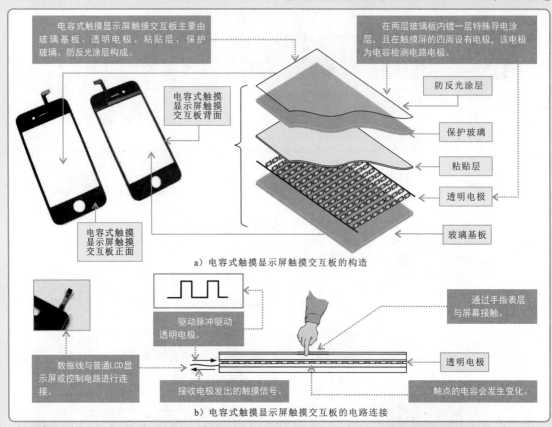

电容式触摸显示屏触摸交互板主要由玻璃基板、透明电极、粘贴层、保护玻璃、防反光涂层构成。

电容式触摸显示屏触摸交互板背面

电容式触摸显示屏触摸交互板正面

在两层玻璃板内镀一层特殊导电涂层，且在触摸屏的四周设有电极，该电极为电容检测电路电极。

防反光涂层

保护玻璃

粘贴层

透明电极

玻璃基板

a）电容式触摸显示屏触摸交互板的构造

驱动脉冲驱动透明电极。

数据线与普通LCD显示屏或控制电路进行连接。

接收电极发出的触摸信号。

通过手指表层与屏幕接触。

透明电极

触点的电容会发生变化。

b）电容式触摸显示屏触摸交互板的电路连接

 ## 2. 认识主电路板

　　智能手机的主电路板是非常重要的部件，它位于智能手机的背面，与各部件之间通过数据线或接口触点相连接，几乎所有的部件都需要通过主电路板承载或连接。

【智能手机主电路板的安装位置】

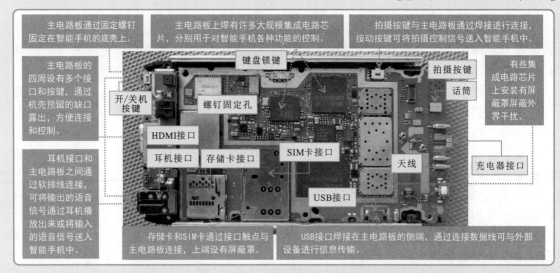

主电路板通过固定螺钉固定在智能手机的底壳上。

主电路板上焊有许多大规模集成电路芯片，分别用于对智能手机各种功能的控制。

拍摄按键与主电路板通过焊接进行连接，按动按键可将拍摄控制信号送入智能手机中。

主电路板的四周设有多个接口和按键，通过机壳预留的缺口露出，方便连接和控制。

耳机接口和主电路板之间通过软排线连接，可将输出的语音信号通过耳机播放出来或将输入的语音信号送入智能手机中。

键盘锁键

开/关机按键

螺钉固定孔

HDMI接口

耳机接口

存储卡接口

SIM卡接口

拍摄按键

话筒

有些集成电路芯片上安装有屏蔽罩屏蔽外界干扰。

天线

充电器接口

USB接口

存储卡和SIM卡通过接口触点与主电路板连接，上端设有屏蔽罩。

USB接口焊接在主电路板的侧端，通过连接数据线可与外部设备进行信息传输。

特别提醒

　　智能手机的主电路板结构复杂，手机信号的输入、处理、发送以及整机的供电、控制等工作都需要主电路板工作来完成。因此，为了便于理解，我们通常会根据智能手机信号处理的功能特点对智能手机电路进行划分。将整个电路划分成不同的电路单元。即射频电路、语音电路、微处理器及数据信号处理电路、电源及充电电路、操作及屏显电路、接口电路和其他功能电路。

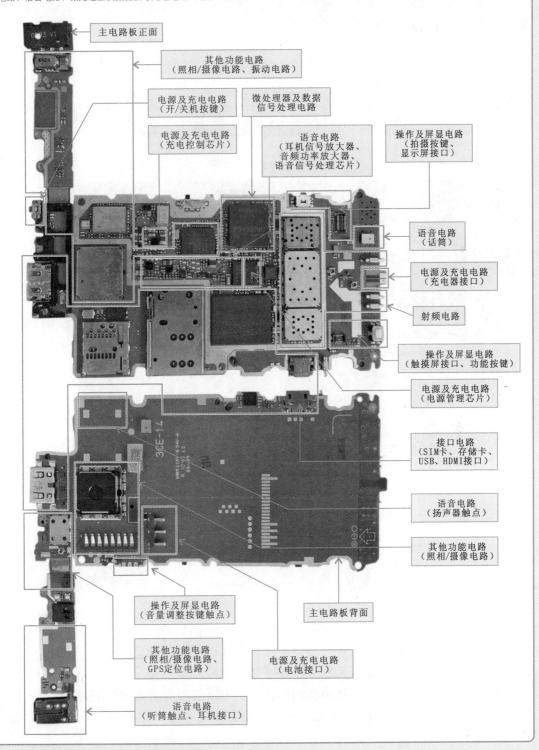

（1）射频电路　射频电路中各部件在智能手机主电路板的位置较集中，而且由于所处理的信号频率较高，为了避免外界信号的干扰，通常被封装在屏蔽罩内。射频电路主要包括射频天线、射频收发电路、射频功率放大器、射频电源管理芯片、射频信号处理芯片、滤波器、晶体振荡器等。通常，找到大面积使用屏蔽罩封装的器件，便可在其屏蔽罩内或其附近找到射频电路中的各部件。

【射频电路的位置布局】

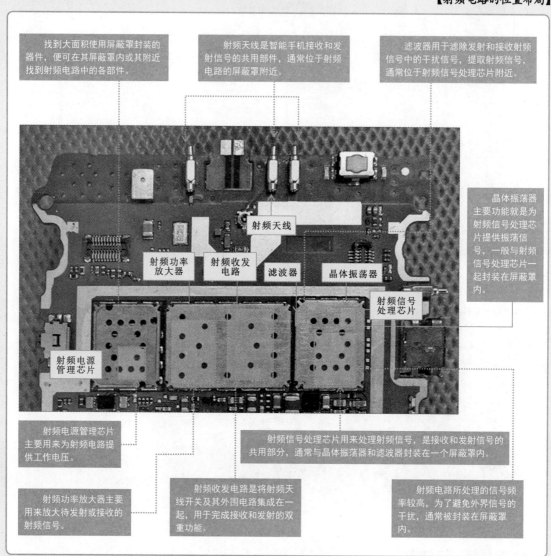

（2）语音电路　语音电路中各部件在智能手机主电路板的位置较分散，通常位于主电路板的上方、中间和下方位置。语音电路主要包括话筒、听筒、扬声器、耳机接口、耳机信号放大器、音频功率放大器、语音信号处理芯片等。

听筒、话筒、耳机接口、扬声器通常位于主电路板的最上方和最下方，音频信号处理芯片通常与电源管理芯片集成在一起，其他器件通常能在音频信号处理芯片附近找到。

【语音电路的位置布局】

用于发声的听筒位于智能手机的上方，与主电路板通过听筒触点进行连接。

话筒通常位于主电路板的最下方，用于将用户讲话的声音转换成电信号送入智能手机中。

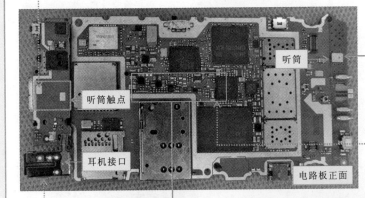

听筒

听筒触点

耳机接口

电路板正面

语音电路通常位于主电路板的中间部位。

耳机接口通常位于主电路板的顶部或底部，由机壳预留的接口露出，用于连接耳机。

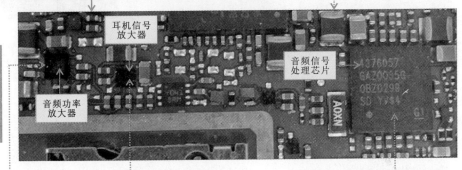

耳机信号放大器

音频信号处理芯片

音频功率放大器

音频功率放大器也位于音频信号处理芯片附近，用于放大音频信号。

耳机信号放大器采用小规模集成电路芯片，通常位于音频信号处理芯片附近，用于放大耳机信号。

有些智能手机的音频信号处理芯片与电源管理芯片集成在一起，用来处理音频信号。

扬声器位于智能手机背面的上方，与主电路板通过扬声器触点进行连接。

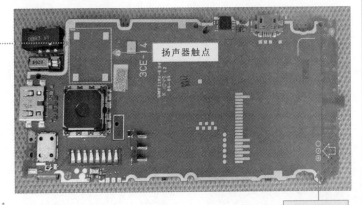

扬声器触点

电路板背面

（3）微处理器及数据信号处理电路　微处理器及数据信号处理电路是整个智能手机的控制核心，整机动作都是由该电路输出指令进行控制，进而实现智能手机的各种功能。

微处理器及数据信号处理电路主要包括微处理器、数据信号处理芯片、版本存储器、RAM（随机存取存储器）等，而由于智能手机的集成度很高，这些功能器件通常被集成在微处理器及数据信号处理芯片中。通常，微处理器及数据信号处理芯片为大规模集成电路，内部集成了多种功能，因此体积较大。

【微处理器及数据信号处理电路的位置布局】

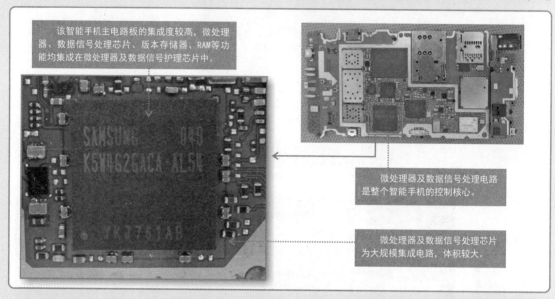

该智能手机主电路板的集成度较高，微处理器、数据信号处理芯片、版本存储器、RAM等功能均集成在微处理器及数据信号护理芯片中。

微处理器及数据信号处理电路是整个智能手机的控制核心。

微处理器及数据信号处理芯片为大规模集成电路，体积较大。

（4）电源及充电电路　电源及充电电路是手机的动力核心部分，该电路各部件在智能手机主电路板的位置相对较分散。电源及充电电路主要包括开/关机按键、电源管理芯片、充电控制芯片、电池接口、电池、充电器接口等。

目前智能手机内部元件的集成度越来越高，不同的智能手机的电源及充电电路的位置不同，查找时需根据主电路板的电路图、安装图在实物图中找到该电路中的元器件。

【电源及充电电路的位置布局】

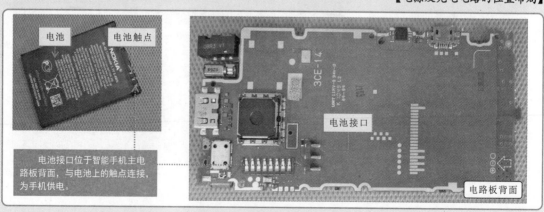

电池　电池触点

电池接口

电路板背面

电池接口位于智能手机主电路板背面，与电池上的触点连接，为手机供电。

【电源及充电电路的位置布局（续）】

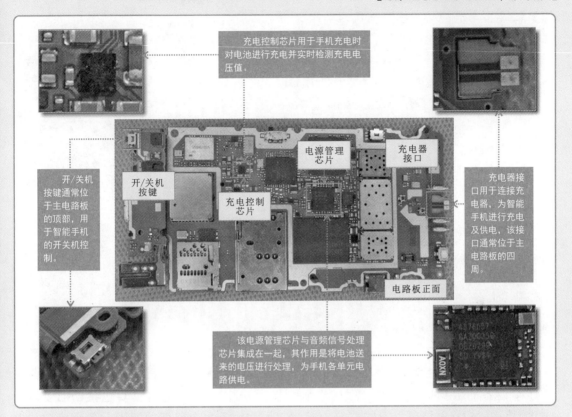

充电控制芯片用于手机充电时对电池进行充电并实时检测充电电压值。

电源管理芯片

充电器接口

开/关机按键通常位于主电路板的顶部，用于智能手机的开关机控制。

开/关机按键

充电控制芯片

充电器接口用于连接充电器，为智能手机进行充电及供电，该接口通常位于主电路板的四周。

电路板正面

该电源管理芯片与音频信号处理芯片集成在一起，其作用是将电池送来的电压进行处理，为手机各单元电路供电。

（5）操作及屏显电路　操作及屏显电路是智能手机的相关控制及显示部件，该电路通常位于智能手机主电路板的四周或正面下方，而屏显电路则位于显示屏上，只是显示屏或触摸屏接口位于主电路板上。操作及屏显电路主要包括键盘锁键、功能按键、拍摄按键、音量调整键、显示屏接口、触摸屏接口等。在主电路板的四周可找到键盘锁键、拍摄按键、音量调整键等，在主电路板的正面下方可找到菜单按键、显示屏接口和触摸屏接口。

【操作及屏显电路的位置布局】

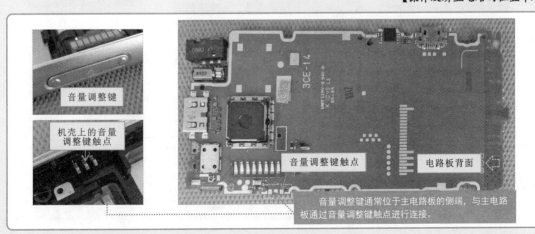

音量调整键

机壳上的音量调整键触点

音量调整键触点

电路板背面

音量调整键通常位于主电路板的侧端，与主电路板通过音量调整键触点进行连接。

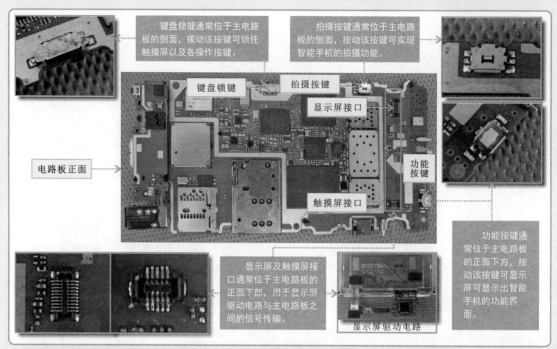

键盘锁键通常位于主电路板的侧面，拨动该按键可锁住触摸屏以及各操作按键。

拍摄按键通常位于主电路板的侧面，按动该按键可实现智能手机的拍摄功能。

键盘锁键

拍摄按键

显示屏接口

电路板正面

功能按键

触摸屏接口

功能按键通常位于主电路板的正面下方，按动该按键可显示屏可显示出智能手机的功能界面。

显示屏及触摸屏接口通常位于主电路板的正面下部，用于显示屏驱动电路与主电路板之间的信号传输。

显示屏驱动电路

（6）接口电路　接口电路是智能手机中最常见，也是最重要的电路之一，它主要将所连接设备的数据信号通过接口传输到智能手机中。接口电路主要包括USB接口、HDMI接口、SIM卡接口、存储卡接口等，它们均位于主电路板的四周，各个接口与主电路板之间通过焊接或触点进行连接。

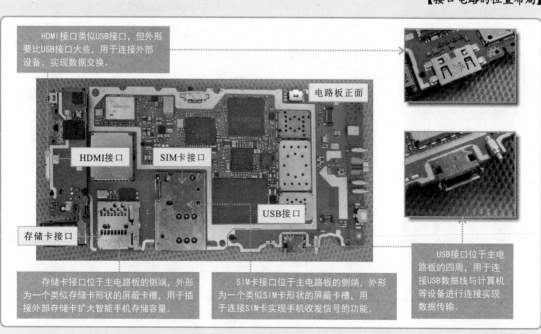

HDMI接口类似USB接口，但外形要比USB接口大些，用于连接外部设备，实现数据交换。

电路板正面

HDMI接口

SIM卡接口

USB接口

存储卡接口

USB接口位于主电路板的四周，用于连接USB数据线与计算机等设备进行连接实现数据传输。

存储卡接口位于主电路板的侧端，外形为一个类似存储卡形状的屏蔽卡槽，用于插接外部存储卡扩大智能手机存储容量。

SIM卡接口位于主电路板的侧端，外形为一个类似SIM卡形状的屏蔽卡槽，用于连接SIM卡实现手机收发信号的功能。

(7)其他功能电路 智能手机的其他功能电路主要包括FM收音电路、摄像/照相电路、红外/蓝牙通信电路、GPS定位电路等。

智能手机其他功能电路均是通过不同电路模块实现的，而这些电路模块分布在主电路板的各个位置。

不同智能手机的各功能电路的位置也不相同，查找时需根据主电路板的电路图、安装图在实物图中找到各功能电路模块。

【其他功能电路的位置布局】

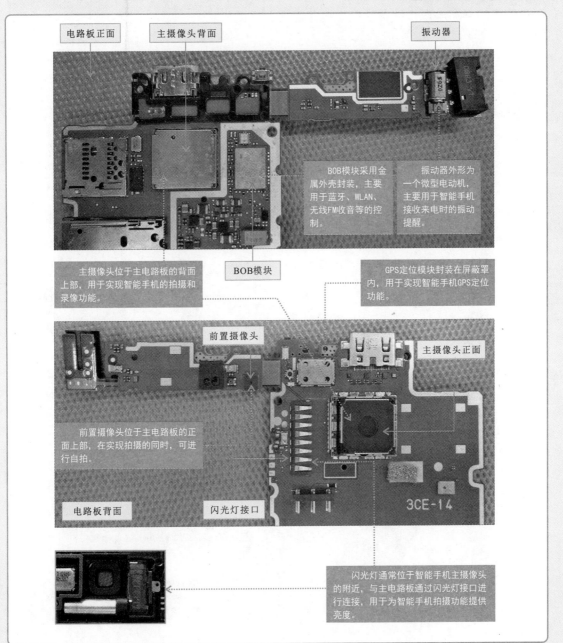

电路板正面

主摄像头背面

振动器

BOB模块采用金属外壳封装，主要用于蓝牙、WLAN、无线FM收音等的控制。

振动器外形为一个微型电动机，主要用于智能手机接收来电时的振动提醒。

主摄像头位于主电路板的背面上部，用于实现智能手机的拍摄和录像功能。

BOB模块

GPS定位模块封装在屏蔽罩内，用于实现智能手机GPS定位功能。

前置摄像头

主摄像头正面

前置摄像头位于主电路板的正面上部，在实现拍摄的同时，可进行自拍。

3CE-14

电路板背面

闪光灯接口

闪光灯通常位于智能手机主摄像头的附近，与主电路板通过闪光灯接口进行连接，用于为智能手机拍摄功能提供亮度。

1.2 智能手机的工作原理

第1章

1.2.1 智能手机的整机工作原理

智能手机的整机工作原理主要分为手机信号接收、发送和手机其他功能的控制过程。实现手机信号接收、发送以及其他功能的控制，都需要由电源电路为其各功能部件提供所需的直流电压，这样智能手机才能够正常工作。

【智能手机的整机工作原理】

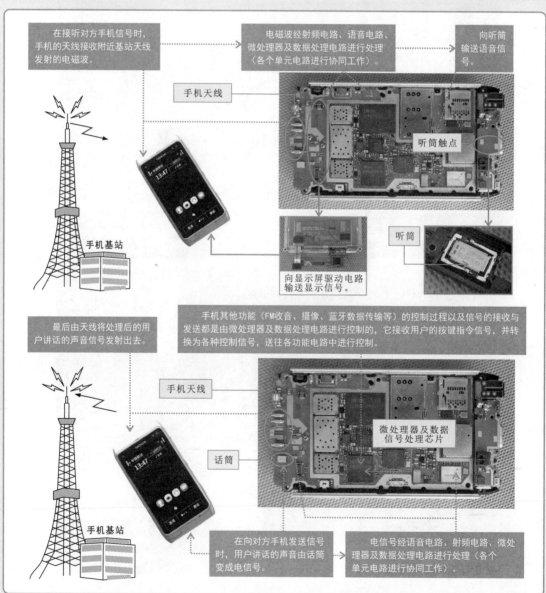

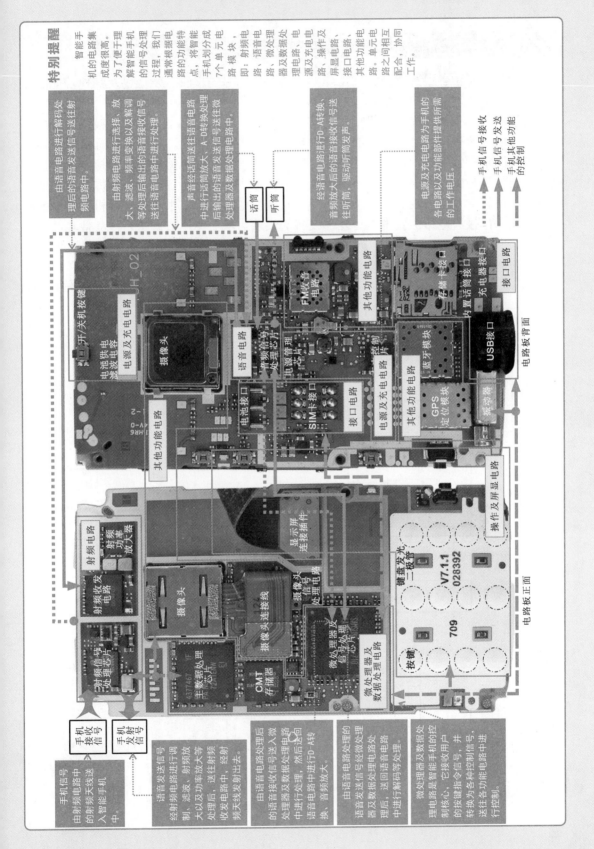

1.2.2 智能手机的电路控制关系

智能手机是由各单元电路协同工作，完成手机信号的接收、发送以及其他功能的控制，这是一个非常复杂的过程。

射频电路主要用于完成手机信号的接收和发送；语音电路主要用于对接收或发射的语音信号进行转换以及音频信号的处理，最终用户可通过听筒、扬声器或耳机听到声音或通过天线将语音信号发射出去；微处理器及数据信号处理电路是整机的控制核心，各种控制信号都是由该电路输出的；电源及充电电路主要用于为各单元电路提供所需的工作电压，使各单元模块能够正常工作；操作及屏显电路主要用于对智能手机相关功能的控制及显示；接口电路主要用于与外部设备的连接，从而实现数据交换；其他功能电路则为智能手机的一些扩展功能电路，如FM收音电路、摄像/照相电路、蓝牙通信电路等，使智能手机不仅仅局限于接打电话或收发信息。

【智能手机的整机控制过程】

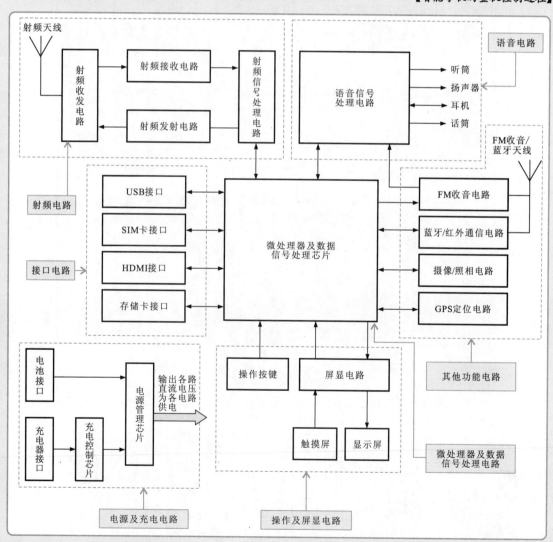

为了能够更好地理清关系，我们以信号的处理过程作为主线，深入探究各单元电路之间是如何配合工作的。通常，我们可以将手机信号的处理划分成两条线，一条是手机接收信号的处理过程，另一条是手机发射信号的处理过程。

【智能手机信号处理过程】

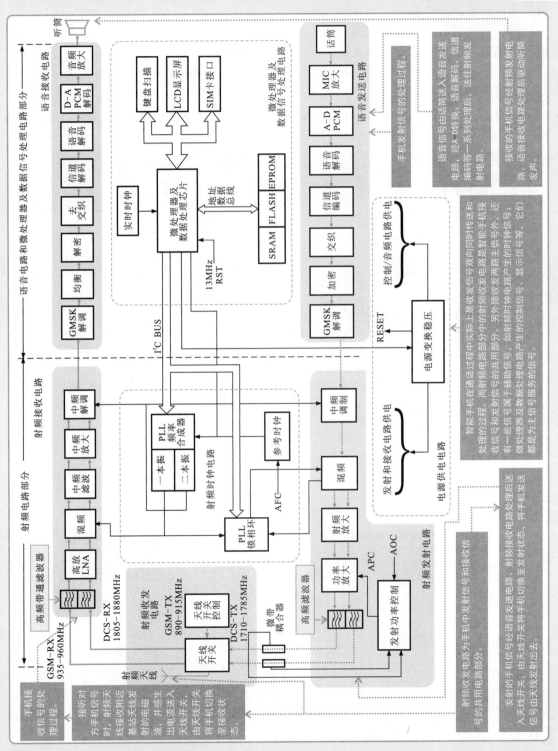

1. 射频电路、语音电路、微处理器及数据信号处理电路之间的关系

智能手机的主要功能之一是接听或拨打电话，整个信号的传输过程都是在微处理器及数据信号处理芯片的控制下进行的。

接听电话时，由天线开关接收的信号，送到射频电路中进行处理，输出的数字语音信号送到语音电路中进行处理，最后将语音信号送到听筒或扬声器。

拨打电话时，语音信号由话筒送入语音电路处理，输出的数字语音信号送到射频电路中进行处理，最后将语音信号由天线开关发射出去。

【射频电路、语音电路、微处理器及数据处理电路之间的关系】

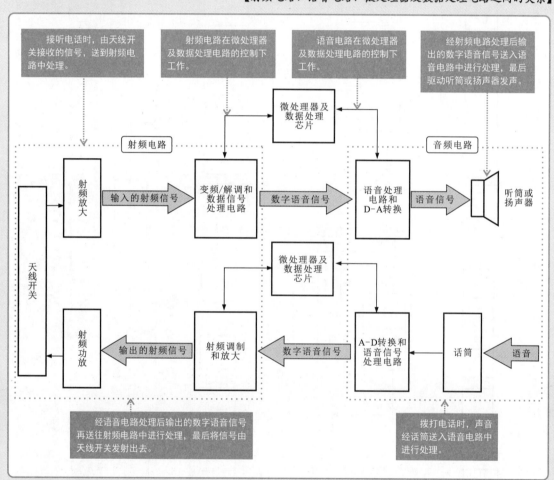

2. 接口电路与微处理器及数据信号处理电路之间的关系

接口电路主要是由USB接口电路、电源接口电路、耳机接口电路、电池接口电路、SIM卡接口电路、存储卡接口电路等，其主要功能是将所连接设备的数据信号或电压信号等通过接口传输到手机中，然后再经微处理器及数据处理电路进行处理，发出相应的控制信号。

【接口电路与微处理器及数据处理电路之间的关系】

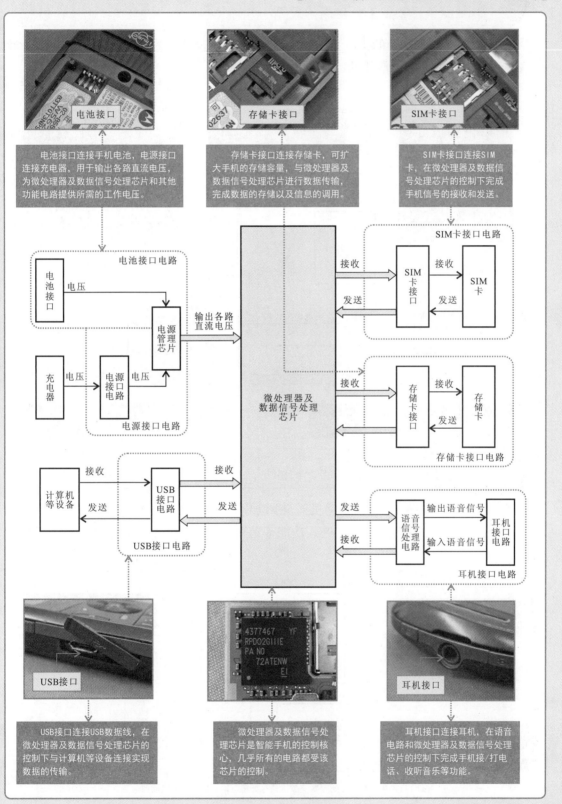

电池接口

存储卡接口

SIM卡接口

电池接口连接手机电池，电源接口连接充电器，用于输出各路直流电压，为微处理器及数据信号处理芯片和其他功能电路提供所需的工作电压。

存储卡接口连接存储卡，可扩大手机的存储容量，与微处理器及数据信号处理芯片进行数据传输，完成数据的存储以及信息的调用。

SIM卡接口连接SIM卡，在微处理器及数据信号处理芯片的控制下完成手机信号的接收和发送。

USB接口

微处理器及数据信号处理芯片

耳机接口

USB接口连接USB数据线，在微处理器及数据信号处理芯片的控制下与计算机等设备连接实现数据的传输。

微处理器及数据信号处理芯片是智能手机的控制核心，几乎所有的电路都受该芯片的控制。

耳机接口连接耳机，在语音电路和微处理器及数据信号处理芯片的控制下完成手机接/打电话、收听音乐等功能。

3.电源电路和各单元电路的关系

电源电路是智能手机的供电部分，为智能手机的各单元电路和元器件提供工作电压，保证智能手机可以正常开机。

【电源电路和各单元电路的关系】

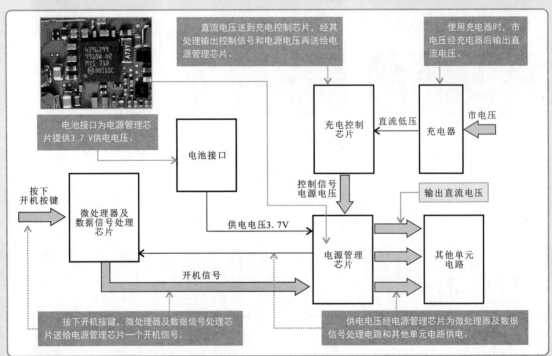

4.其他功能电路与各电路之间的关系

其他功能电路用来实现智能手机一些附加功能，例如FM收音，照相，摄像，蓝牙，红外数据传输，GPS定位等。这些功能都是通过智能手机中的其他功能电路模块来实现的。

【其他功能电路与各电路之间的关系】

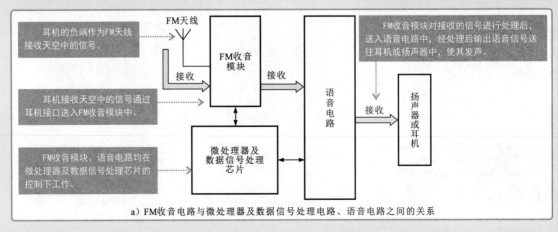

a）FM收音电路与微处理器及数据信号处理电路、语音电路之间的关系

【其他功能电路与各电路之间的关系（续）】

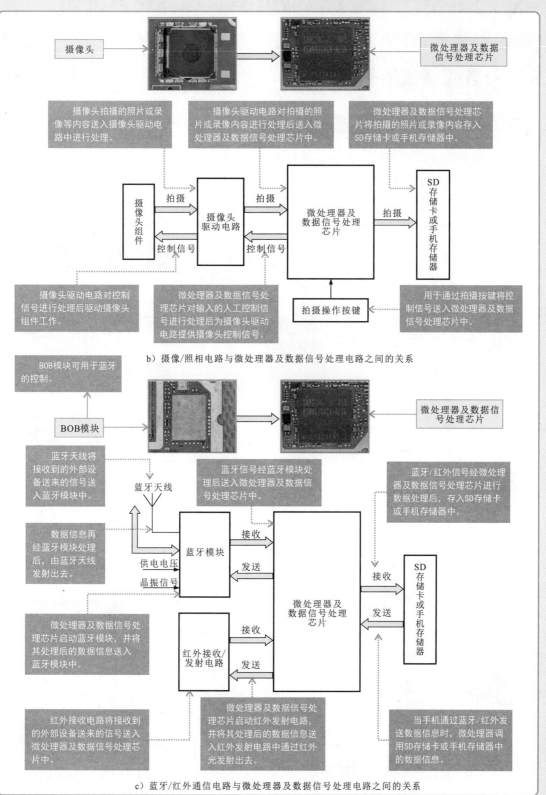

b）摄像/照相电路与微处理器及数据信号处理电路之间的关系

c）蓝牙/红外通信电路与微处理器及数据信号处理电路之间的关系

第2章　智能手机的故障表现与检修分析

2.1 智能手机的故障表现

2.1.1 软件引发的故障表现

　　由软件引发的智能手机故障是指系统程序或一些应用软件数据受损、错误或兼容性问题导致的智能手机"反应慢"、"死机"或"无法开机"等故障。

【智能手机软件引发的故障表现】

1."反应慢"的故障

　　"反应慢"是指用户在操作智能手机的按键或触屏时，需要等待一段时间才能响应。

【"反应慢"的故障表现】

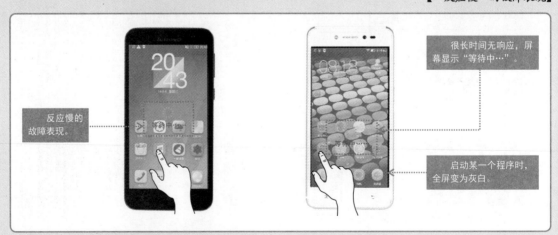

2."死机"的故障

"死机"的故障包含有多种，如总是处于开机启动中而不能进入用户界面，运行程序时死机、关机时死机、连接计算机时死机、接入WIFI网络时死机等。

【"死机"的故障表现】

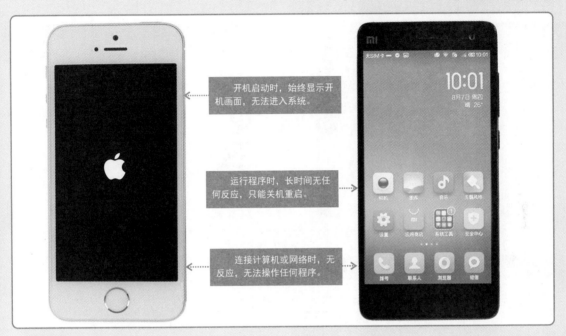

开机启动时，始终显示开机画面，无法进入系统。

运行程序时，长时间无任何反应，只能关机重启。

连接计算机或网络时，无反应，无法操作任何程序。

3."无法开机"的故障

"无法开机"的故障主要表现为操作智能手机的开/关机键不能开机，而且按任何键都没有反应，即手机没有出现开机画面，仍处于关机状态。

【"无法开机"的故障表现】

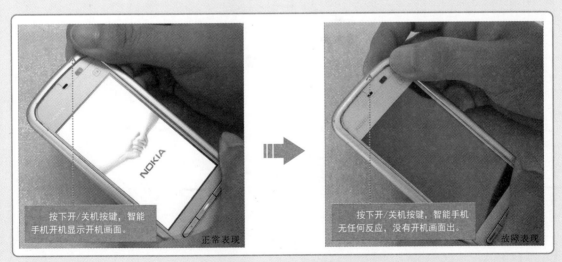

按下开/关机按键，智能手机开机显示开机画面。

正常表现

按下开/关机按键，智能手机无任何反应，没有开机画面出。

故障表现

4. "自动关机"的故障

智能手机在没有按下开/关机按键时，即没有关机请求的情况下，出现关机画面，在原来的状态下自动关机。

【"自动关机"的故障表现】

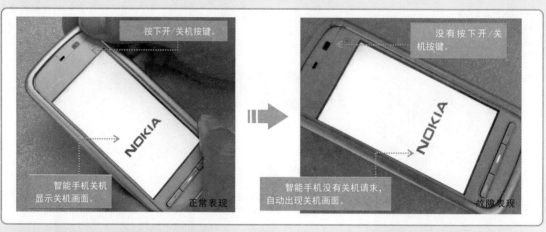

按下开/关机按键。

没有按下开/关机按键。

智能手机关机显示关机画面。　　正常表现

智能手机没有关机请求，自动出现关机画面。　　故障表现

2.1.2 硬件引发的故障表现

由硬件引发的故障是指智能手机中组成核心配件本身损坏或配件中存在元器件老化、失效，印制电路板短路、断线、引脚焊点虚焊、脱焊等引起的智能手机、平板电脑无法正常工作的故障。

智能手机的硬件故障表现主要反映在"开/关机异常"、"充电异常"、"信号异常"、"通信异常"和"部分功能失常"5个方面。

【智能手机硬件引发的故障表现】

1."开/关机异常"的故障

"开/关机异常"的故障主要表现为按下开/关机按键,无任何反应,即没有出现开机画面,仍处于关机状态;或在没有按下开/关机按键,即在没有关机请求的情况下,出现关机画面,自动关机。

【"开/关机异常"的故障表现】

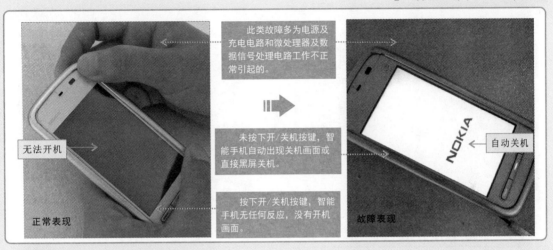

此类故障多为电源及充电电路和微处理器及数据信号处理电路工作不正常引起的。

未按下开/关机按键,智能手机自动出现关机画面或直接黑屏关机。

按下开/关机按键,智能手机无任何反应,没有开机画面。

无法开机

正常表现

自动关机

故障表现

2."充电异常"的故障

"充电异常"的故障主要表现为开机、操作软件、接收电话或数据信息均正常,但插上充电器进行充电时,无充电响应;或插上充电器进行充电时,能够正常充电,但充电时电池发热严重。

【"充电异常"的故障表现】

显示屏上无充电提示,电池格无动作。

智能手机电池部位的温度过高。

显示屏上无充电提示,电池格无动作。

插上充电器为智能手机进行充电。

3. "信号异常"的故障

"信号异常"的故障表现为基站信号强度正常，但智能手机显示屏上显示"无信号"或"无网络"字样，且无信号塔标志，不能够接收手机基站信号；或信号格显示正常，但拨出电话时，显示"网络无应答"或"呼叫失败"等字样提示；而对方打入电话时，提示"您所拨打的电话已关机"或"您所拨打的电话暂时无法接通"等语音提示。

【"信号异常"的故障表现】

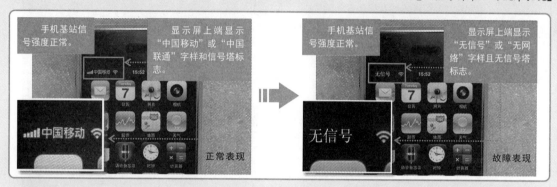

 4. "通信异常"的故障

"通信异常"的故障主要表现为在设置为非静音模式的状态下，听筒（扬声器或耳机）无音，不能听到对方的声音，但送话正常，对方可听到发射出去的声音；或通话时不送话，对方听不到声音，但受话正常，能听到对方送来的声音。

【"通信异常"的故障表现】

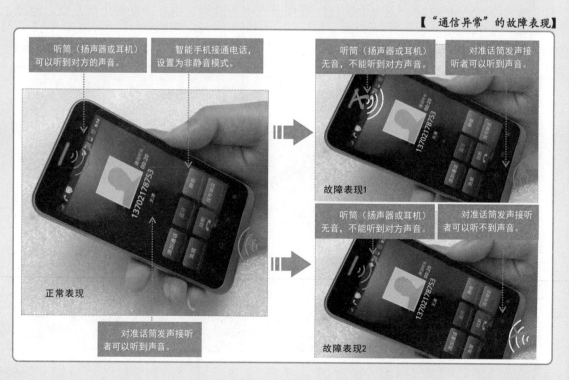

5．"部分功能失常"的故障

　　"部分功能失常"的故障是指智能手机能够基本的操作和使用，只是在某一方面功能失效或异常，如屏幕无显示、触摸不准、检测不到卡等。

　　屏幕无显示的故障表现为智能手机屏幕黑屏，不能显示任何信息或显示信息不全。

【"屏幕无显示"的故障表现】

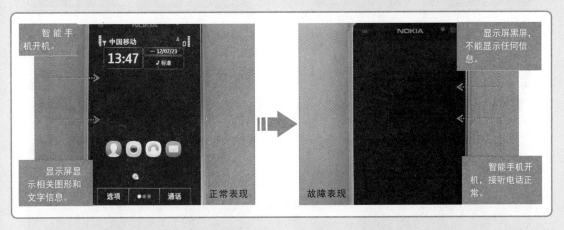

　　"触摸不准"的故障表现为通过触摸显示屏上的相关图标不能准确地进入相关功能界面，而触摸图标的某侧却能进入指定界面。

【"触摸不准"的故障表现】

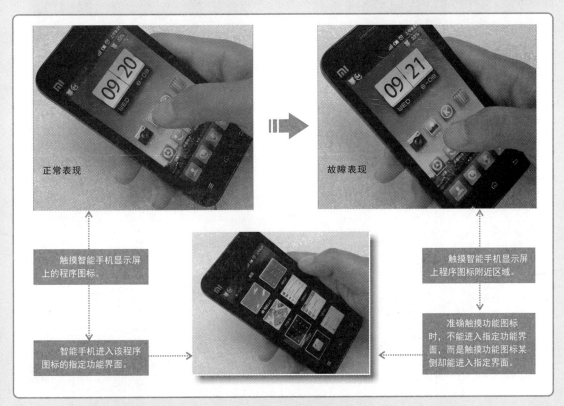

　　"检测不到卡"的故障表现为智能手机开机后，提示"请插入SIM卡"、"没有SIM卡"或"SIM卡错误"等字样，重新插入SIM卡后，手机仍无法检测到SIM卡。

【"检测不到卡"的故障表现】

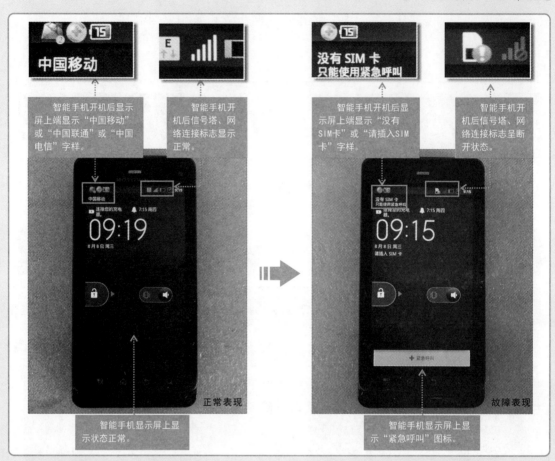

　　特别提醒

　　智能手机硬件引发故障后，可通过故障现象大概判断引起该故障的起因。

　　"开/关机异常"的故障：智能手机不开机，显示屏没有出现开机画面，说明其电源电路无法启动，多为电源及充电电路和微处理器及数据信号处理电路工作不正常。另外，智能手机自动关机的情况有多种形式，如用力按压手机各部位自动关机、振动关机、开机后只要按键即关机、来电/去电关机、放入SIM卡后开机搜到网络自动关机、显示屏关机、开机一段时间后无原因自动关机等。

　　"充电异常"的故障：智能手机显示、操作软件、接收电话或数据信息均正常，表明电源电路、射频电路、语音电路、操作及屏显电路和微处理器及数据处理电路基本正常；而充电时无充电响应，则多为电池老化和充电电路不良引起的。若能够正常充电，说明充电电路正常；而在充电时电池发热严重通常是由于电池老化、充电电流过大、轻微短路等引起的。

　　"信号异常"的故障：在基站信号强度正常的情况下，智能手机或平板电脑无信号通常是由射频接收电路和微处理器及数据信号处理电路所引起的。若有信号说明SIM卡接口电路正常，而智能手机或平板电脑不能拨打或接听电话则说明射频电路中相关元器件不良。

　　"通信异常"的故障：智能手机软件设置正常，送话正常，说明语音电路中的发射电路部分正常；而受话无音，则多为语音电路中的接收部分引起的，出现该类故障时，应根据三种情况进行测试，即听筒接听、扬声器接听和耳机接听，将故障范围缩小，从而找出引起故障的具体部位。智能手机软件设置正常，受话正常，说明语音电路的接收部分正常；而送话无音，则多为语音电路中的发射部分引起的，出现该类故障时，应根据两种情况进行测试，即主话筒送话和耳机送话，将故障范围缩小，从而找到引起故障的具体部位。

　　"部分功能失常"的故障：智能手机显示屏无显示，则多为排线、显示屏本身、屏显电路等损坏引起的；智能手机出现"触摸不准"的故障，多是由于触摸屏组件引起的，如触摸屏损坏、屏显电路有故障元件等；智能手机开机正常，说明智能手机控制及供电部分的电路基本正常，而不能识别SIM卡，则故障多为SIM卡接口电路中存在故障元器件，如SIM卡本身、SIM卡卡座以及其他部件等。

2.2 智能手机的检修分析

2.2.1 软件引发的检修分析

智能手机的软件故障多是因系统版本漏洞、系统设置不当、系统受损导致数据丢失、系统升级版本不兼容、内存占用过多、病毒等原因使程序的运行发生错乱而引起的。

1. "反应慢"故障的检修分析

"反应慢"的故障主要是由于内存占用过多，病毒侵扰引起，可通过清理缓存、优化系统性能、杀毒、刷机等方法排除故障。

2. "死机"故障的检修分析

智能手机出现"死机"故障的类型多样，引起故障的原因也较复杂多样，在对该类故障检修时，可先进行具体的检修分析。

【"死机"故障的检修分析】

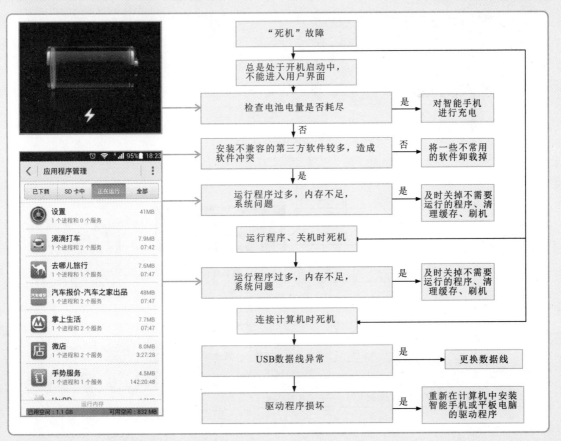

3. "无法开机"故障的检修分析

"无法开机"的故障通常是由电量不足、系统错误或遭到破坏引起的，在对该类故障检修时，可先进行具体的检修分析。

【"无法开机"故障的检修分析】

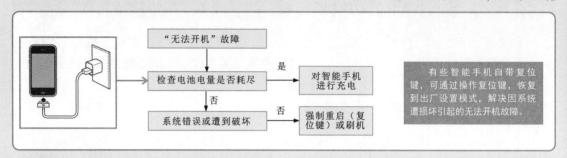

 4. "自动关机"故障的检修分析

智能手机出现"自动关机"的故障时，首先应排除电池供电不良的因素，然后，根据具体的关机情况查找出现故障的原因。

【"自动关机"故障的检修分析】

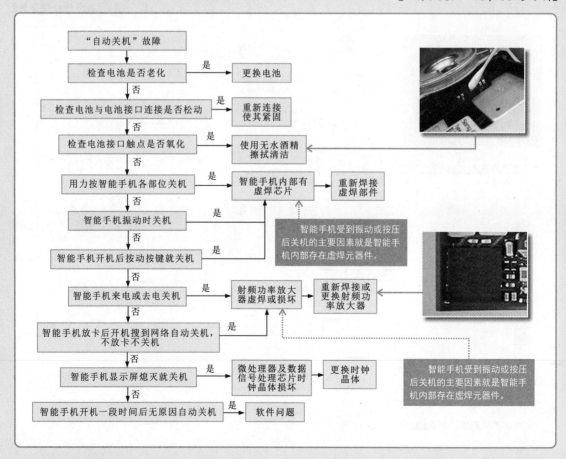

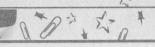

2.2.2 硬件引发的检修分析

1. "开/关机异常"故障的检修分析

智能手机出现"不开机"的故障时，电源及充电电路、微处理器及数据信号处理电路出现故障是最为常见的两个原因，需认真检查。

【"不开机"故障的检修分析】

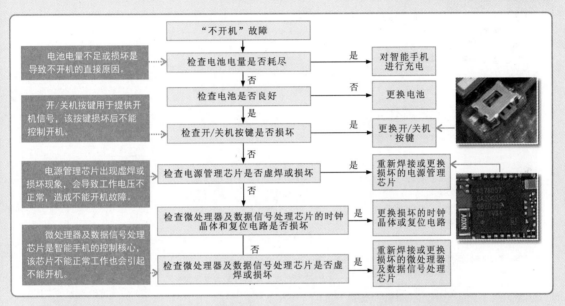

智能手机出现"自动关机"的故障时，首先应排除电池供电不良的因素，然后，根据具体的关机情况查找出现故障的原因。

【"自动关机"故障的检修分析】

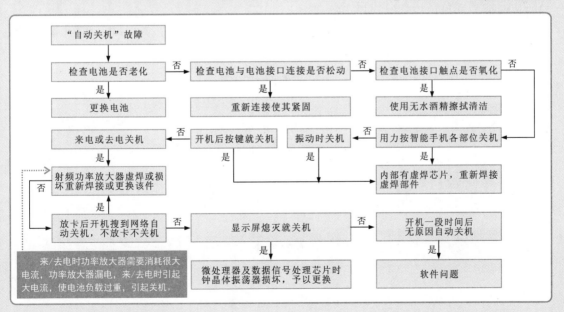

2. "充电异常"故障的检修分析

智能手机出现"不充电"的故障时，应首先排除充电器与电源接口或USB接口连接不良的因素，然后重点对充电器、电池、电源接口、电流检测电阻、充电控制芯片等进行检查，排除故障。

【"不充电"故障的检修分析】

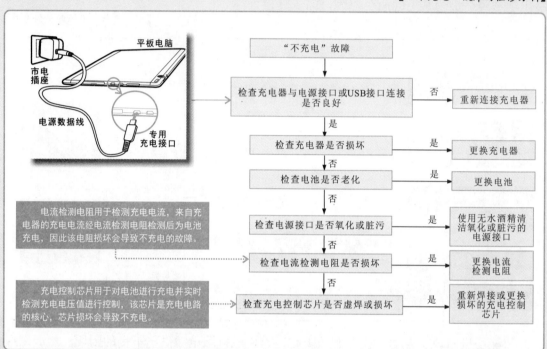

智能手机出现"充电过热"的故障时，以电池老化、充电器损坏、电源接口腐蚀引起的故障最为常见，检修时应重点检查。

【"充电过热"故障的检修分析】

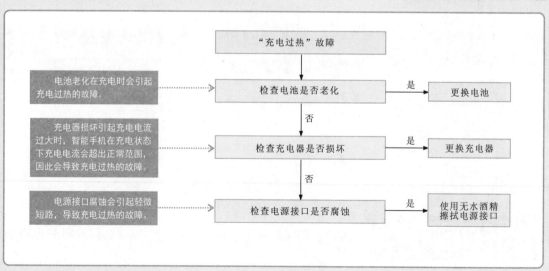

3. "信号异常"故障的检修分析

智能手机出现"无信号"的故障时，应首先排除SIM卡卡座故障，然后重点对射频电路中的相关元器件进行检测排除，若均正常再将故障点锁定在微处理器及数据信号处理芯片上。

【"无信号"故障的检修分析】

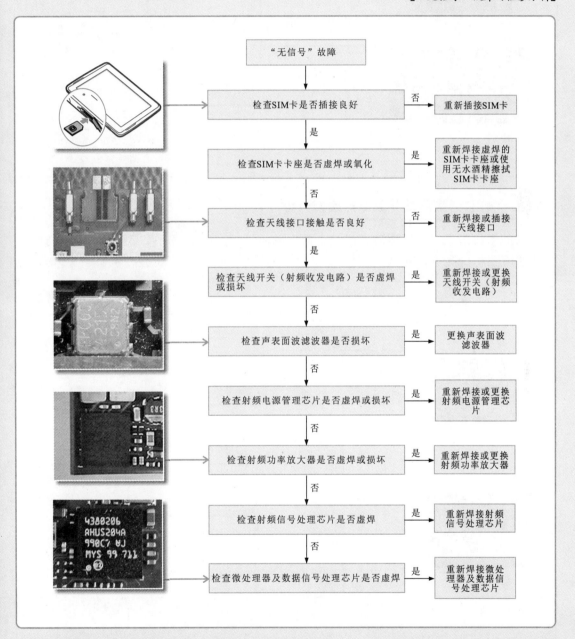

智能手机出现"有信号，不能拨打或接听电话"的故障时，应首先排除射频电路故障，然后在对微处理器及数据信号处理芯片进行检修。

【"有信号，不能拨打或接听电话"故障的检修分析】

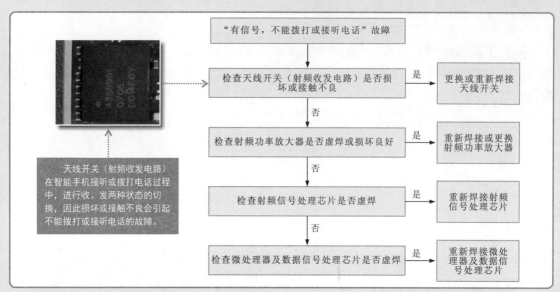

"有信号，不能拨打或接听电话"故障

↓

检查天线开关（射频收发电路）是否损坏或接触不良 —是→ 更换或重新焊接天线开关

↓否

检查射频功率放大器是否虚焊或损坏良好 —是→ 重新焊接或更换射频功率放大器

↓否

检查射频信号处理芯片是否虚焊 —是→ 重新焊接射频信号处理芯片

↓否

检查微处理器及数据信号处理芯片是否虚焊 —是→ 重新焊接微处理器及数据信号处理芯片

天线开关（射频收发电路）在智能手机接听或拨打电话过程中，进行收、发两种状态的切换，因此损坏或接触不良会引起不能拨打或接听电话的故障。

4. "通信异常"故障的检修分析

智能手机出现"受话无音、送话正常"的故障时，应根据听筒接听、扬声器接听和耳机接听三种情况进行测试，将故障范围缩小，然后再对损坏部分中的元器件检测，排除故障。

【"受话无音、送话正常"故障的检修分析】

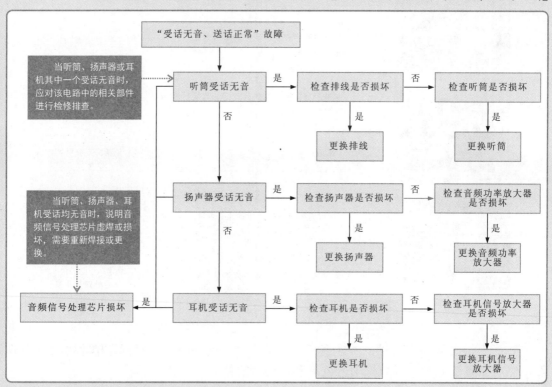

"受话无音、送话正常"故障

当听筒、扬声器或耳机其中一个受话无音时，应对该电路中的相关部件进行检修排查。

听筒受话无音 —是→ 检查排线是否损坏 —否→ 检查听筒是否损坏
　　　　　　　　　　　↓是　　　　　　　　　　↓是
　　　　　　　　　 更换排线　　　　　　　 更换听筒

↓否

当听筒、扬声器、耳机受话均无音时，说明音频信号处理芯片虚焊或损坏，需要重新焊接或更换。

扬声器受话无音 —是→ 检查扬声器是否损坏 —否→ 检查音频功率放大器是否损坏
　　　　　　　　　　　↓是　　　　　　　　　　↓是
　　　　　　　　　 更换扬声器　　　　 更换音频功率放大器

↓否

音频信号处理芯片损坏 ←是— 耳机受话无音 —是→ 检查耳机是否损坏 —否→ 检查耳机信号放大器是否损坏
　　　　　　　　　　　　　　　　　　　　↓是　　　　　　　　　　↓是
　　　　　　　　　　　　　　　　 更换耳机　　　　 更换耳机信号放大器

　　智能手机出现"送话无音、受话正常"的故障时，应根据主话筒送话、耳机送话两种情况进行测试，将故障范围缩小，然后再对损坏部分中的元件检测，排除故障。

【"送话无音、受话正常"故障的检修分析】

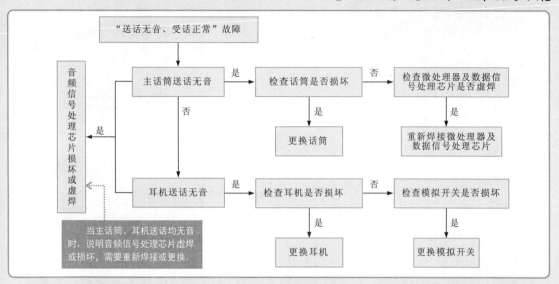

5."部分功能失常"故障的检修分析

　　智能手机出现"屏幕无显示"的故障时，应首先排除显示屏与主电路板的连接或排线松动等因素，然后再对显示屏的供电、显示屏本身、屏显电路以及微处理器及数据信号处理芯片进行检查。

【"屏幕无显示"故障的检修分析】

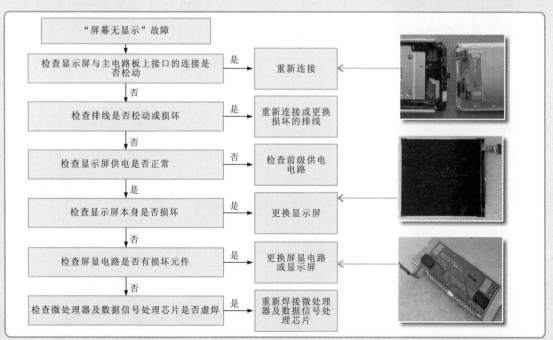

智能手机出现"触摸不准"的故障时，应先排除触摸屏与主电路板连接不良的因素，然后重点对触摸屏和屏显电路进行检查。

【"触摸不准"故障的检修分析】

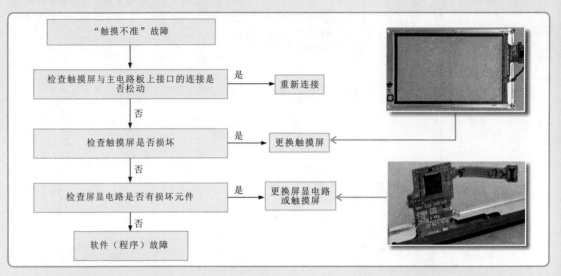

智能手机或平板电脑出现"检测不到卡"的故障时，应重点对其SIM卡本身、SIM卡卡座、SIM卡接口电路等进行检查，若均正常，再将故障锁定在微处理器及数据信号处理芯片上。

【"检测不到卡"故障的检修分析】

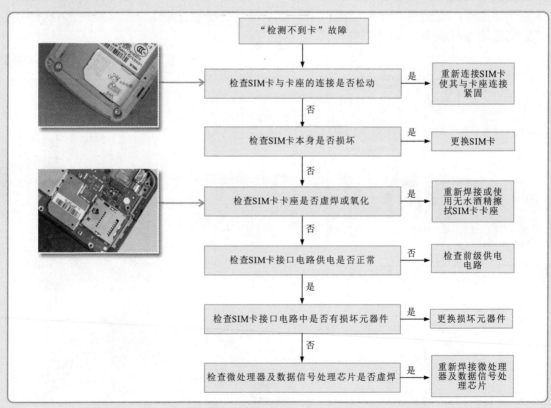

第3章 智能手机的常规设置与病毒防治训练

3.1 智能手机的使用操作规范

第3章

3.1.1 智能手机的操作系统

1. 安卓系统手机的操作界面

安卓手机采用的是安卓（Android）操作系统。安卓操作系统界面非常友好，十分易于操控。在待机时，手机界面为锁屏界面，此时手机处于锁死状态，各按键图标都不能点击，主要防止手机的误操作。只有当用户需要使用手机时，按锁屏界面的提示进行解锁操作，之后手机即可进入安卓（Android）操作系统的个性化操作界面。

【Android操作系统的操作界面】

特别提醒

Android操作系统是由Google公司于2007年发布的，该操作系统从正式发布到现在已经经历了多个版本，有意思的是，Google采用不同的甜点名称为Android操作系统各个时期的版本进行命名。例如，Android 1.5命名为纸杯蛋糕，Android 1.6命名为甜甜圈，Android 2.0/2.1命名为松饼，Android 2.2命名为冻酸奶，Android 2.3命名为姜饼，Android 3.0命名为蜂巢，Android 4.0命名为冰激凌三明治，Android4.1/4.2命名为果冻豆等。

2.iOS系统（苹果）手机的操作界面

iOS系统（苹果）手机的操作界面非常简洁、直观。当待机时，手机界面为锁屏界面，如需使用，根据提示完成解锁操即可进入应用程序选单界面。用户可根据需要浏览、选择需要执行的应用程序。

与Android系统手机相比，iOS系统手机的操作自由性大大受限，它只允许安装下载苹果公司许可的应用程序，任何第三方开发的软件都会受到限制。手机中数据资源的复制、传输也必须通过苹果公司iTunes软件完成。

虽然在开放性上iOS操作系统相对封闭，但这款具有Unix系统风格的操作系统运行效率很高，而且，也正是由于对手机中所安装程序或存储数据的限制，iOS操作系统具有极高的安全性和稳定性。

【"死机"的故障表现】

3.1.2　插入和取出SIM卡

SIM卡简单地说就是用户身份的识别卡，在SIM卡中存储了数字移动通信客户的信息，用于通信客户身份的鉴别，并对客户通话的语音信息进行加密。目前，智能手机中常用的SIM卡主要有标准SIM卡、Micro-SIM卡（俗称小SIM卡）和Nano-SIM卡三种。标准SIM卡的尺寸为25mm×15mm×0.76mm；Micro-SIM卡的尺寸为15mm×12mm×0.76mm；Nano-SIM卡是一种手机微型SIM卡，比Micro-SIM卡更小，只有第一代SIM卡60%的面积，其具体尺寸为12mm×9mm，厚度也减少了15%。

【不同SIM卡的实物外形】

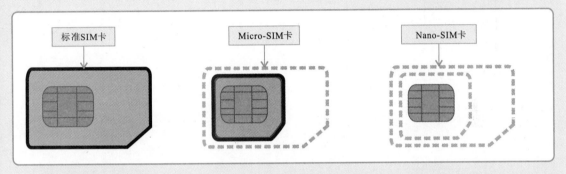

智能手机在使用前必须安装SIM卡。在安装SIM卡之前，一定要先关闭手机。然后再将相应规格的SIM卡插入到智能手机相应的SIM卡插槽中。有些智能手机的SIM卡插槽采用直接插入式设计，直接按照正确的方向将SIM卡插入即可。

【直接将SIM卡插入SIM卡插槽】

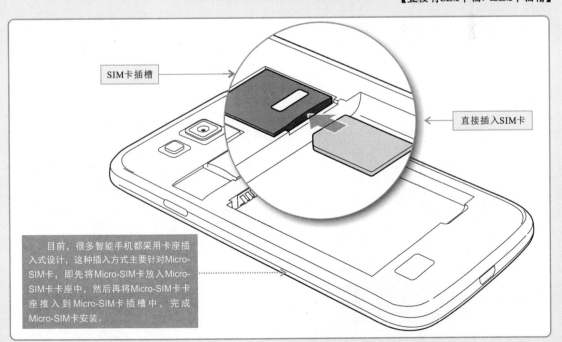

目前，很多智能手机都采用卡座插入式设计，这种插入方式主要针对Micro-SIM卡，即先将Micro-SIM卡放入Micro-SIM卡卡座中，然后再将Micro-SIM卡座推入到Micro-SIM卡插槽中，完成Micro-SIM卡安装。

特别提醒

由于早期的手机都使用标准SIM卡，而Micro-SIM卡是近几年才开始在智能手机上普遍采用的规格。因此，如果由于使用的智能手机支持Micro-SIM卡，则需要到相应的营业厅对SIM卡进行更换。切忌自行将标准SIM剪裁成Micro-SIM卡的尺寸，避免使用异常。

插入Micro-SIM卡和Nano-SIM卡，应首先取出卡座，然后再插入或取出，无论是插入SIM卡还是取出SIM卡，都要在关闭手机之后操作。

【直接将SIM卡插入SIM卡插槽】

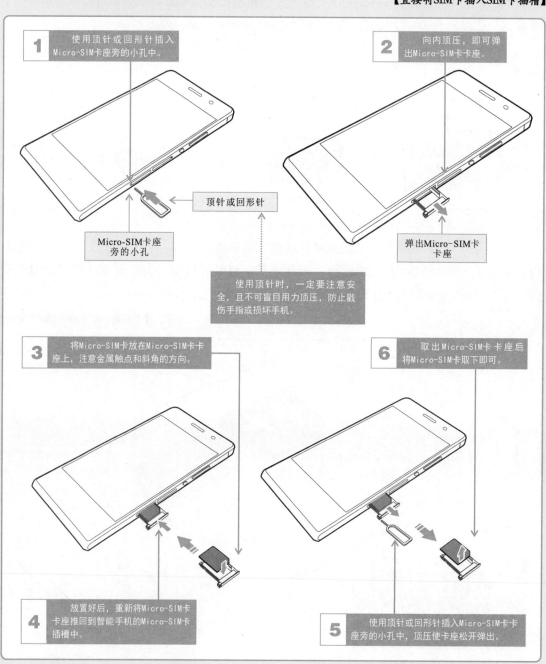

3.1.3　插入和取出Micro - SD卡

Micro-SD卡（存储卡）可以为智能手机提供更大的外部扩展存储空间。目前，几乎所有的智能手机都具备Micro-SD卡（存储卡）接口。如果智能手机的Micro-SD卡（存储卡）接口为直接插入式插槽设计，则只需将Micro-SD卡（存储卡）正确插入到Micro-SD卡（存储卡）插槽中即可。

【直接插入Micro-SD卡（存储卡）】

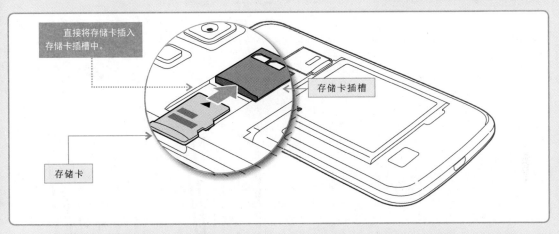

也有很多智能手机采用卡座插入式设计，这就需要先将Micro-SD卡（存储卡）卡座取出，装好Micro-SD卡（存储卡）后再插入。

【卡座式插入和取出Micro-SD卡】

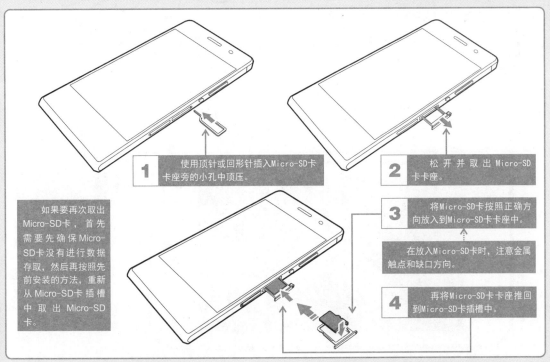

3.1.4 智能手机的常规操作

1. 智能手机的充电操作

目前，很多智能手机都提供有两种充电方式。一种是使用随机附赠的USB数据线和电源适配器将智能手机连接到电源插座上完成充电过程。另一种是通过USB数据线将手机连接到计算机的USB接口上，然后在USB连接方式下完成充电任务。

【智能手机的充电方式】

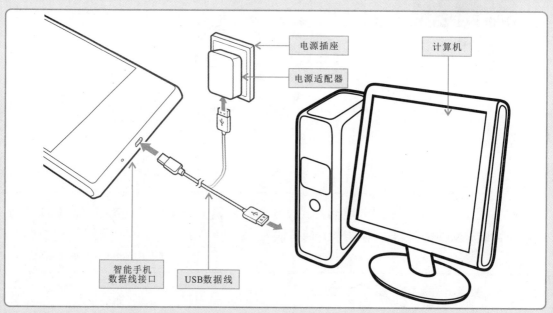

电源插座

电源适配器

计算机

智能手机
数据线接口

USB数据线

2. 智能手机的开关机操作

当手机充电完成，用户只要长按电源键，即可完成开机操作。

【智能手机的开机操作】

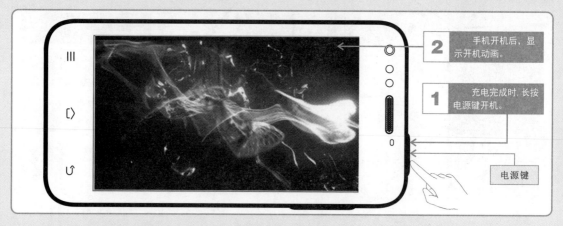

2 手机开机后，显示开机动画。

1 充电完成时，长按电源键开机。

电源键

若需要关机时，则同样长按电源键即可完成关机操作。

【智能手机的关机操作】

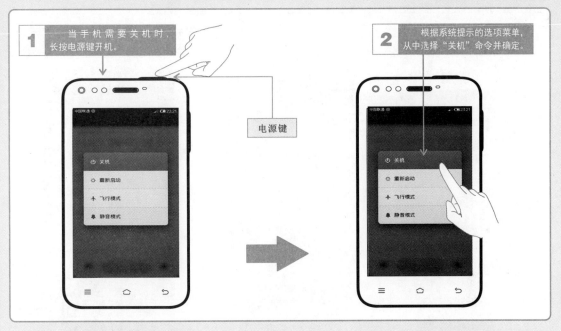

 3.锁定与解锁屏幕

为了节电和防止误操作，智能手机都提供锁定屏幕和屏幕解锁的功能。锁定屏幕是防止手机因误碰而发生意外操作，通常设置手机休眠时间实现自动锁定屏幕的功能。

【设置手机休眠时间实现自动锁定屏幕的效果】

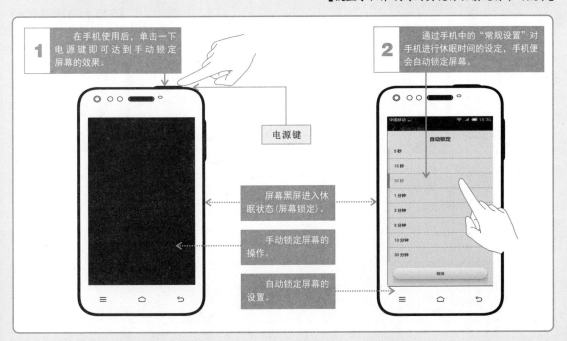

当需要唤醒智能手机的屏幕时需要对手机进行解锁。

【屏幕解锁操作】

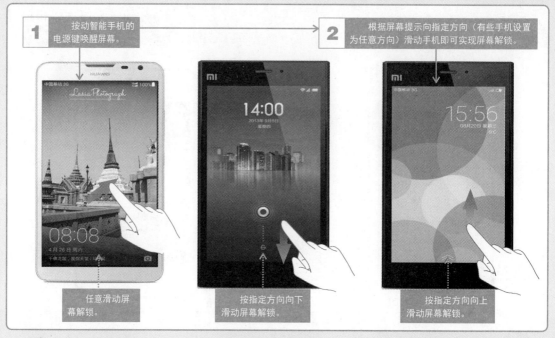

1 按动智能手机的电源键唤醒屏幕。

2 根据屏幕提示向指定方向（有些手机设置为任意方向）滑动手机即可实现屏幕解锁。

任意滑动屏幕解锁。

按指定方向向下滑动屏幕解锁。

按指定方向向上滑动屏幕解锁。

 4.触屏操作

目前，很多智能手机都可以通过手指完成触屏操作。一般来说触屏操作可以归纳为单击、长按、滑动、拖动和缩放。每种触屏操作都对应不同的功能或用途。

【智能手机的触屏操作】

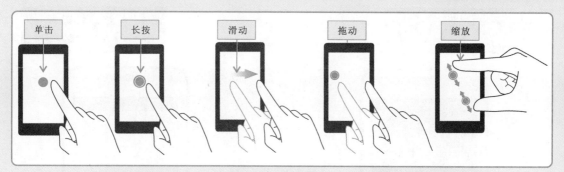

| 单击 | 长按 | 滑动 | 拖动 | 缩放 |

特别提醒

单击：触碰屏幕中的目标一次，可以选择或打开应用程序。

长按：触碰并持续按压超过2s以上，可以打开相应的选项菜单。

滑动：在屏幕上用手指接触屏幕向上、向下、向左或向右滑动手指，即可实现屏幕的切换、主页滚动浏览以及打开、关闭通知面板等功能。

拖动：用手指在屏幕上长按目标，然后将其拖动到屏幕上的其他位置，例如对屏幕图标进行移动整理，个性化拜访，直观化完成删除、移动等操作命令。

缩放：用拇指和食指在屏幕上开合即可实现放大或缩小的效果。特别是在查看照片或浏览页面时非常有效。

5. 智能手机屏幕操作

　　智能手机的屏幕采用分屏显示效果。在主屏幕界面上，智能手机的系统桌面和常用主菜单选项分别在不同的区域划分下显示，用户可以自由、快捷地实现交互。

【智能手机的主屏界面】

状态栏	显示通知和状态信息。
显示区域	放置应用程序图标、桌面文件夹和小工具。
屏幕界面切换指示	显示当前屏幕界面的位置。
快捷操作栏	经常使用的应用程序。

　　智能手机除了默认显示的主屏幕界面外，用户还可以通过左右滑动的方式切换到其他的扩展屏幕界面。在扩展屏幕界面中可以放置更多的应用程序图标和窗口小工具。

【智能手机的扩展屏幕界面】

扩展屏幕界面

3.2 智能手机的常规设置与优化设置

3.2.1 智能手机的常规设置

智能手机的常规设置主要是指用户通过自身的设置，完成对智能手机系统时间、语言、显示样式、权限管理等多方面的定义或修改，即通过更改系统的默认设置来满足用户的实际需求，是用户创建的个性化操作环境。

1. 设置无线和网络

智能手机各项常规设置方法大致相同，均是通过主界面中的"设置"选项进入设置的界面。无线和网络功能主要是用于数据传输。下面，我们就对这些无线和网络的设置进行详细的学习。

目前，一些智能手机具有双卡双待的功能，即一部智能手机可以使用两张SIM卡，同时使用两个手机号，而且两个号码可以同时处于待机的状态，对该类智能手机进行设置时，可以进行"双卡设置"。单击桌面上的"设置"图标，进入设置界面，找到"双卡设置"，即可以对其进行设置。

【智能手机中双卡设置的方法】

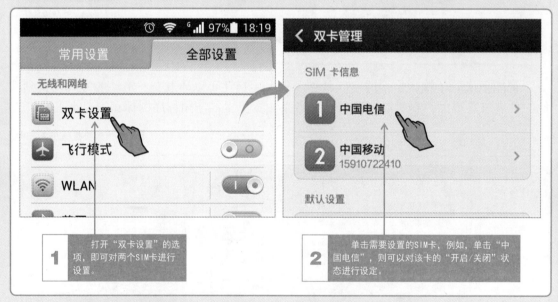

飞行模式又称为航空模式，当智能手机设置为该模式时，则无法进行信号的发射和接收，也可以理解为将SIM卡功能进行关闭，不可以接打电话和收发短信息。除此之外，在该模式下，智能手机的其他功能操作不受影响。

打开智能手机后，单击桌面上的"设置"图标后，在设置界面中找到"飞行模式"，即可对其进行设置。

【智能手机中飞行模式的设置方法】

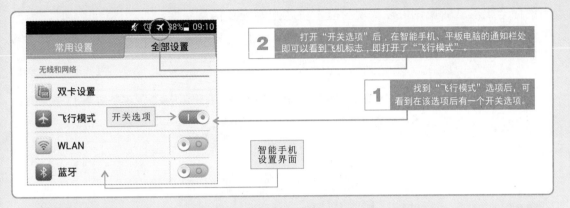

智能手机的WLAN（无线网络），是指将智能手机以无线的方式与网络相互连接，实现无线上网的功能，是目前使用最广的一种无线网络传输技术。

对其进行设置时，需要单击桌面上的"设置"图标后，进入设置界面，在"设置无线和网络"的设置项中找到"WLAN"，即可对其进行设置。

【WLAN的设置方法】

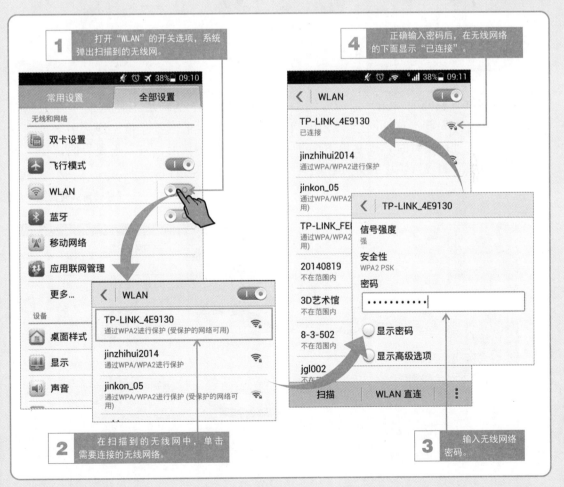

蓝牙（Bluetooth）是一种短距离无线通信技术，一般距离在10m之内，能与设备之间进行无线信息交换，可以实现智能手机之间的无线信息交换。对其进行设置时，需要单击桌面上的"设置"图标后，进入设置界面，在"设置无线和网络"的设置项中找到"蓝牙"，即可对其进行设置。

【蓝牙的设置方法】

移动网络（Mobile web）是指智能手机在没有WLAN的环境下使用的一种上网模式，该网络也称为蜂窝移动网络。使用该网络上网所产生的数据流量，均是由运营商进行收费。对其进行设置时，需要单击桌面上的"设置"图标后，进入设置界面，在"设置无线和网络"的设置项中找到"移动网络"，即可对其进行设置。

【移动网络的设置方法】

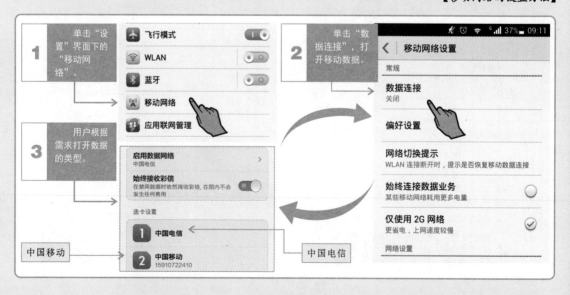

2. 设置设备

　　智能手机的"设置设备"主要包括"桌面样式""显示""声音""存储""电池"以及"省电管理"等。智能手机的桌面主要是用来设置桌面的表现形式。对其设置时，需要单击桌面上的"设置"图标后，进入设置界面，在"设置设备"的设置项中找到"桌面样式"，即可对其进行设置。

【桌面样式的设置方法】

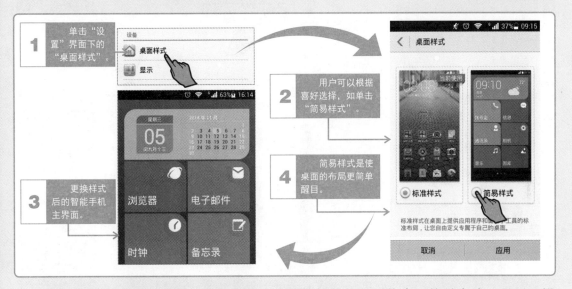

　　智能手机显示屏的亮度、字体大小、壁纸等相关的设置信息，均是在该"显示"设置中进行操作。设置时，需要单击桌面上的"设置"图标后，进入设置界面，在"设备"的设置项中找到"显示"，即可对其进行设置。

【显示的设置方法】

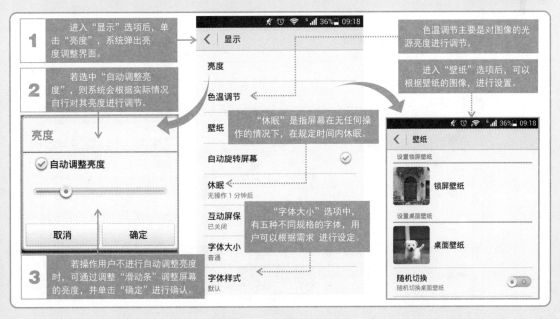

声音选项主要是用来对智能手机中的手机铃声、操作声音、通知铃声以及媒体播放声音等进行设置的选项。对其设置时，需要单击桌面上的"设置"图标后，进入设置界面，在"设备"的设置项中找到"声音"，即可对其进行设置。

【声音的设置方法】

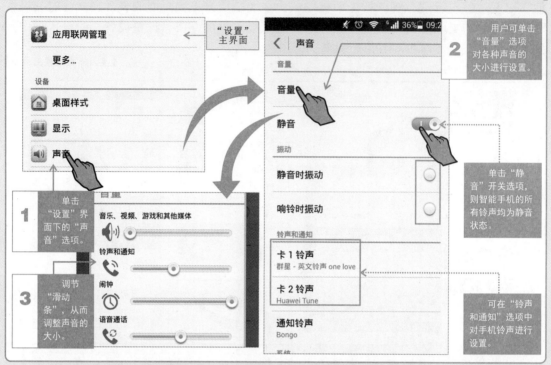

在智能手机的存储选项中，可以直观地看到当前的数据存储状态，并且在该设置选项中可以对设备的存储位置进行设置。对其设置时，需要单击桌面上的"设置"图标后，进入设置界面，在"设备"的设置项中找到"存储"，即可对其进行设置。

【存储的设置方法】

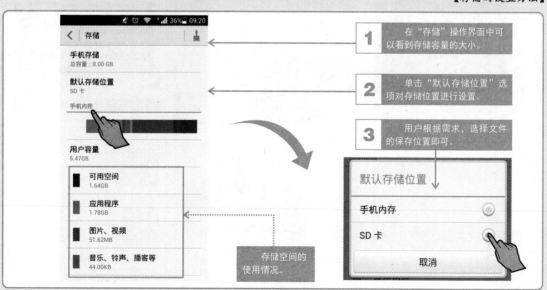

省电管理是智能手机中用于设置电池使用状态的一个选项。在该选项中，可以设置手机的省电模式，在不同的模式下，其待机的长短也不一样。对其设置时，需要单击桌面上的"设置"图标后，进入设置界面，在"设备"的设置项中找到"省电管理"，即可对其进行设置。

【省电管理的设置方法】

特别提醒

现在应用软件可以在智能手机中进行后台运行，这些软件在运行的同时会消耗电池的电量，因此，在一些智能手机中可以对其进行设置，从而避免应用软件在后台运行，对电池进行消耗。

3.设置隐私和安全

　　隐私和安全是智能手机用户用来设置数据管理的选项。定位服务是智能手机中的位置识别软件，用来根据用户所在的位置来收集和使用数据的一项设置，定位服务是使用WLAN或移动网络所提供的信息来确定用户所在的大致位置。对定位服务进行设置时，需要单击桌面上的"设置"图标后，进入设置界面，在"设置隐私和安全"的设置项中找到"定位服务"，即可对其进行设置。

【定位服务的设置方法】

　　免打扰模式是指智能手机只能接听用户许可的联系人来电，其他来电将不进行提示，同时信息和通知铃声也会被静音。进行免打扰设置时，需要单击桌面上的"设置"图标后，进入设置界面，在"设置隐私和安全"的设置项中找到"免打扰"，即可对其进行设置。

【免打扰的设置方法】

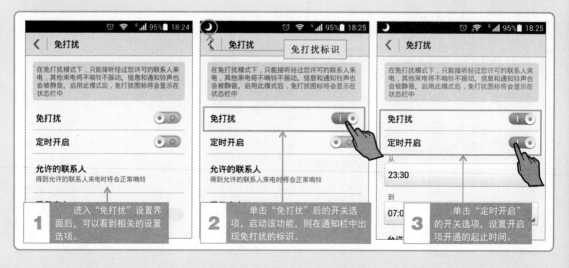

权限管理是操作用户用来对应用软件进行限制的一项设置,通过该设置可以管理应用软件是否可以读取智能手机中的数据,例如位置信息、本机识别码、调用摄像头、已安装应用列表等。进行权限管理设置时,需要单击桌面上的"设置"图标后,进入设置界面,在"设置隐私和安全"的设置项中找到"权限管理",即可对其进行设置。

【权限管理的设置方法】

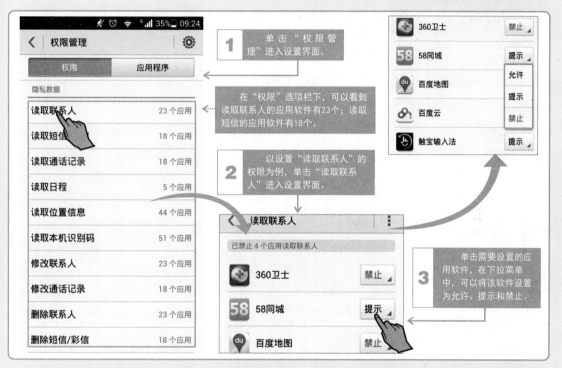

开机自启项类似于计算机中的开机启动项,即智能手机在开机时需要启动的项目,开机时启动项目越少,则开机的速度越快。对开机自启项设置时,需要单击桌面上的"设置"图标后,进入设置界面,在"设置隐私和安全"的设置项中找到"开机自启项",即可对其设置。

【开机自启项的设置方法】

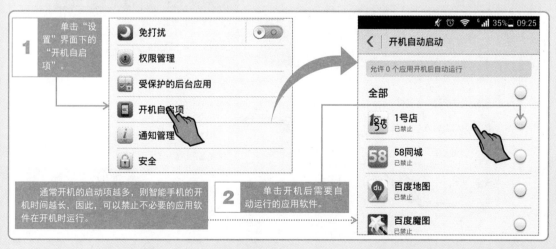

安全选项是用来帮助保护智能手机的信息不被其他人访问，例如设置解屏密码、设备管理器等。对安全选项设置时，需要单击桌面上的"设置"图标后，进入设置界面，在"设置隐私和安全"的设置项中找到"安全"，即可对其设置。

【安全选项的设置方法】

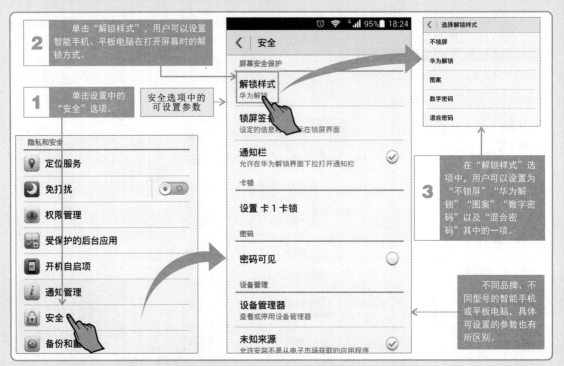

备份和重置是用来对智能手机的数据进行备份操作。若是需要对设置后的数据重置操作时，则可以使用该功能进行重置。对备份和重置设置时，需要单击桌面上的"设置"图标后，进入设置界面，在"设置隐私和安全"的设置项中找到"安全"，即可对其进行设置。

【备份和重置的设置方法】

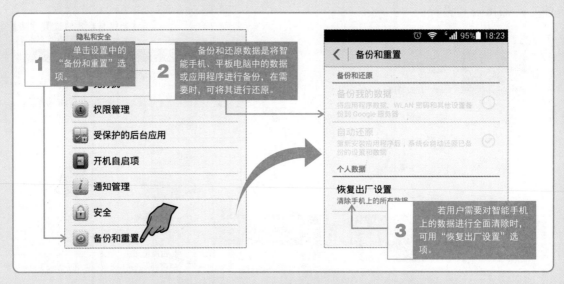

4. 设置应用程序

　　智能手机在使用过程中会安装一些应用软件，为用户提供日常服务，这些应用程序可安装在本机中也可安装在外部存储卡中。通过"应用程序管理"可对这些应用程序进行卸载、移动等操作。对应用程序管理设置时，需要单击桌面上的"设置"图标后，进入设置界面，在"设置应用程序"的设置项中找到"应用程序管理"，即可对其进行设置。

【应用程序管理的设置方法】

　　通话设置是智能手机中常用的一个设置项，通常用来设置呼叫转移、呼叫等待、短信回复等。对通话设置时，需要单击桌面上的"设置"图标后，进入设置界面，在"设置应用程序"的设置项中找到"通话"，即可对其进行设置。

【通话的设置方法】

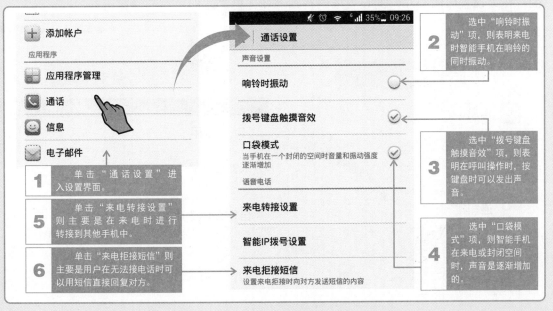

信息设置主要是用来对接发信息等进行设置，在对其进行设置时，需要单击桌面上的"设置"图标后，进入设置界面，在"设置应用程序"的设置项中找到"信息"，即可对其进行设置。

【信息的设置方法】

5.设置智能辅助

通知栏是智能手机中的一种快捷开关，通知栏中的按键可以通过设置进行增加和减少，甚至取消通知栏。对其设置时，需要单击桌面上的"设置"图标后，进入设置界面，在"设置应用程序"的设置项中找到"通知栏"，即可对其进行设置。

【通知栏的设置方法】

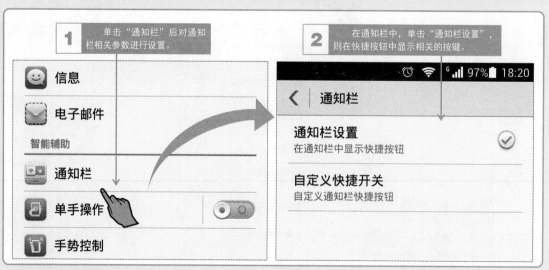

手势控制是指智能手机中用来普通操作的动作，不同的手势动作，表示的指令不同。对其设置时，需要单击桌面上的"设置"图标后，进入设置界面，在"设置应用程序"的设置项中找到"手势控制"，即可对其进行设置。

【手势控制的设置方法】

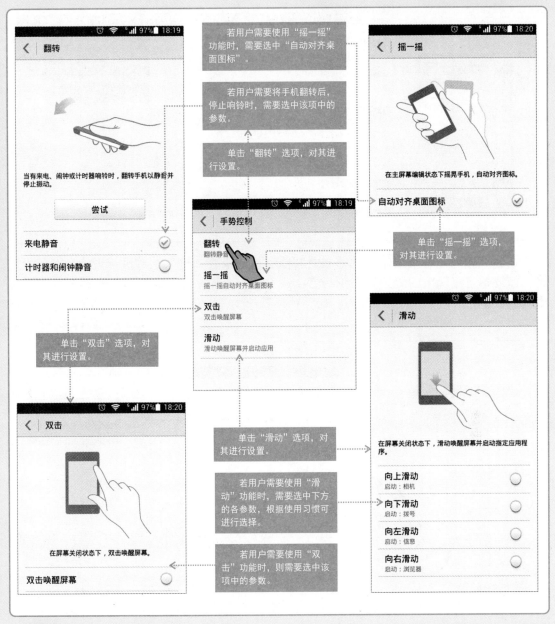

6.设置系统

智能手机还可以通过"自动确定日期和时间"对日期和时间进行设置，在有网络的环境下，还可以同步网络时间。对其设置时，需要单击桌面上的"设置"图标后，进入设置界面，在"设置应用程序"的设置项中找到"日期和时间"，即可对其进行设置。

【日期和时间的设置方法】

语言和输入法是根据用户的需求对智能手机的语言、输入法等进行设置。对其设置时，需要单击桌面上的"设置"图标后，进入设置界面，在"设置应用程序"的设置项中找到"语言和输入法"，即可对其进行设置。

【语言和输入法的设置方法】

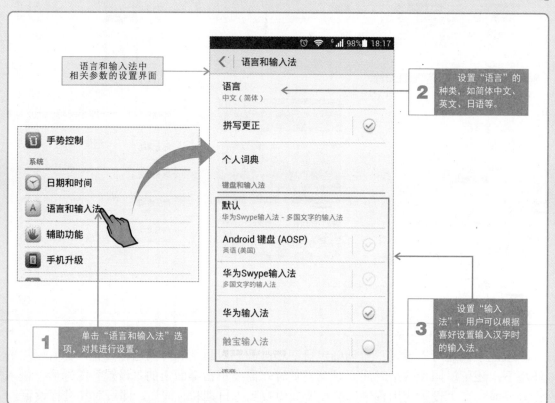

　　辅助功能通常是指在一些常规的设置外，对智能手机、平板电脑进行字体、屏幕旋转、触摸等选项进行设置的选项。

　　对其进行设置时，需要单击桌面上的"设置"图标后，进入设置界面，在"设置应用程序"的设置项中找到"辅助功能"，即可对其进行设置。

【辅助功能的设置方法】

　　升级是根据智能手机厂商的系统更新，及时对这些设置进行更新和升级，从而对一些系统软件进行完善，在升级操作时，通常需要在连接网络的环境下进行。

【升级的设置方法】

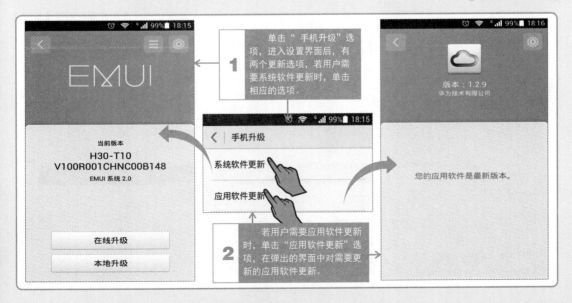

3.2.2 智能手机的优化设置

用工具软件对智能手机优化时，相对来说比较安全和简单，一般根据软件提示进行相应项目优化即可。下面以常用的手机优化大师和360卫士为例，进行简单介绍。

1. 使用手机优化大师完成优化设置

手机优化大师的功能选项面板在操作界面的中间。它分为"内存清理""电池管家""容量使用"和"硬件检测"四大项，分别单击相应的选项，选项列表随即打开，可以看到在每个大项中还包含了许多具体的设置选项。

【手机优化大师的操作界面】

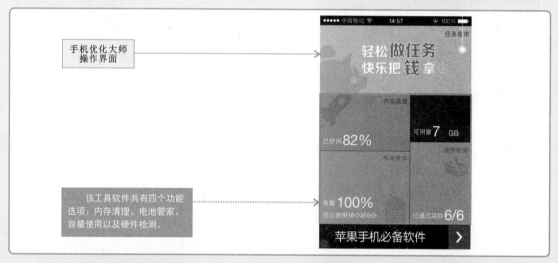

内存清理是手机优化大师对智能手机优化的重要工具，该选项可以对应用占用内存、系统占用内存、其他占用内存进行清理，从而对智能手机进行自动优化。

【内存清理的设置方法】

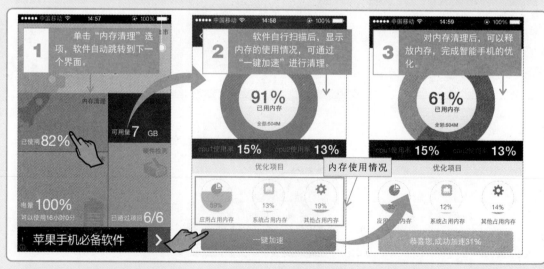

特别提醒

在手机优化大量的优化界面中可以看到，该工具软件除了内存清理外，还有电池管家、容量使用，以及硬件检测等功能，这些功能是针对当前智能手机中的电池状态、存储状态以及硬件使用状态进行检测的工具。

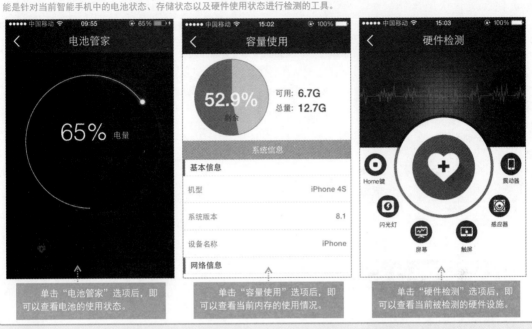

单击"电池管家"选项后，即可以查看电池的使用状态。

单击"容量使用"选项后，即可以查看当前内存的使用情况。

单击"硬件检测"选项后，即可以查看当前被检测的硬件设施。

2. 使用360卫士完成优化设置

智能手机还可以使用工具软件对其进行优化，下面我们以360卫士为例完成具体的优化设置。手机优化大师的功能选项面板在操作界面的中间。它分为"常用功能""软件管理""安全防护"和"隐私保护"等几大项，分别单击相应的选项，选项列表随即打开，可以看到在每个大项中还包含了许多具体的设置选项。

【360卫士的操作界面】

立即优化按键

常用功能选项下的设置选项。

四个功能项

常用功能是指该软件中使用量较多的一些功能设置，其中包括清理加速、话费流量、骚扰拦截、防吸费和支付保镖等。若用户为快捷操作，可以使用软件界面中的"立即优化"进行快速操作。

【快速优化操作】

清理加速功能是该软件自行扫描智能手机的文件，通过扫描将可清理的文件清理。

【清理加速操作】

【清理加速操作（续）】

4　清理完成后，工具软件提示完成，并可以查看清理的垃圾文件占用空间的大小。

　　骚扰拦截是智能手机中用来屏蔽恶意广告、骚扰信息的一种功能，通常可以在拦截设置中对骚扰信息、骚扰电话进行设置。

【骚扰拦截操作】

特别提醒

　　使用360卫士进行优化时，除了以上讲到的相关设置项外，还有一些额外的设置项，例如支付保镖、话费流量、防吸费、杀毒等功能，这些功能是在智能手机优化的基础上，增加了一些扩展功能，使用这些选项，可以有效避免乱扣费、病毒传染等危害。

软件管理功能主要是负责对安装的软件进行卸载、安装包的删除以及软件搬家，其中软件搬家是指将软件在智能手机与存储卡之间进行转移。用户在使用该功能对智能手机进行优化时，可单击快捷按键，即可先对其进行分析、优化。

【对软件快速管理操作】

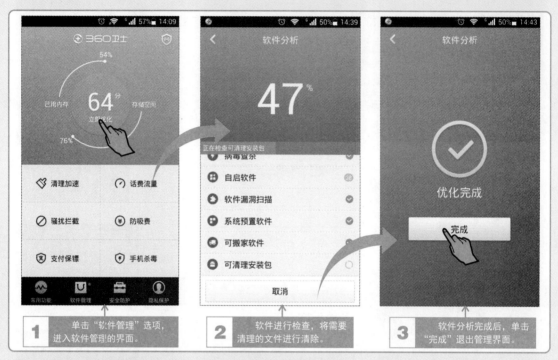

1 单击"软件管理"选项，进入软件管理的界面。

2 软件进行检查，将需要清理的文件进行清除。

3 软件分析完成后，单击"完成"退出管理界面。

其中，软件卸载是通过工具软件将智能手机中的应用软件进行卸载操作。在对软件进行卸载操作中，用户不可以随意对系统预装中的软件进行卸载。

【对软件卸载操作】

系统预装是指本机中的系统软件部分，属于高级功能，卸载或是停用可能会导致系统崩溃或无法开机，因此不建议用户自行更改。

1 单击"软件卸载"选项，进入软件卸载的界面。

2 单击需要卸载的应用软件，然后单击"卸载"。

3 单击"确定"开始卸载当前应用软件。

安装包是用户在安装应用软件时残留的数据文件。当用户安装完应用软件后，若不及时删除安装包，则会占用一部分内存空间，因此，定期对安装包进行管理也是非常有必要的。

【对安装包进行管理的操作】

1 单击"安装包管理"选项，进入安装包管理界面，并选中需要删除的安装包。

2 单击"删除"后，弹出确认对话框，点击"确认"。

3 删除完成后，软件提示"没有找到安装包"。

软件搬家功能可以实现智能手机软件由内存到手机储存卡（SD卡）的任意迁移，若智能手机内存较小时，可以将常用的应用软件"搬家"到手机存储卡中（SD卡），操作时，可在相应的选项中单击"移至SD卡"中即可。

【软件搬家功能的操作】

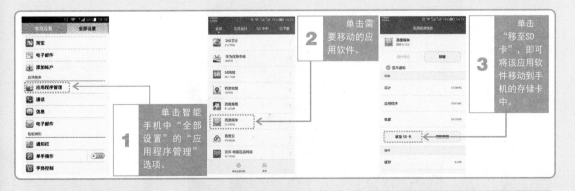

1 单击智能手机中"全部设置"的"应用程序管理"选项。

2 单击需要移动的应用软件。

3 单击"移至SD卡"，即可将该应用软件移动到手机的存储卡中。

特别提醒

使用360卫士时，除了可以对智能手机进行优化外，还可以对其数据的安装、隐私等进行保护，从而使智能手机安全运行。

 第3章

 3.3
智能手机的病毒防治

 3.3.1　智能手机的病毒防护措施

智能手机病毒是造成智能手机系统故障最主要的因素之一，智能手机操作人员必须要提高病毒防治的意识，采用必要的手段进行预防和查杀。

在使用智能手机时，不要随意使用和读取一些来历不明的网站、应用软件等，也不要将智能手机内部的存储介质拿到未知安全的计算机上进行数据交换，这是保护智能手机不被病毒感染的有效措施之一。对于使用过的内存卡或来历不明的存储介质，在每次使用之前都必须先通过杀毒软件进行病毒检测，确定无病毒后方可使用。

【对外来的存储介质进行查杀】

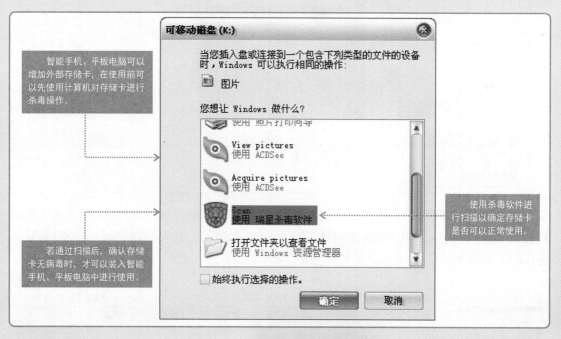

智能手机、平板电脑可以增加外部存储卡，在使用前可以先使用计算机对存储卡进行杀毒操作。

若通过扫描后，确认存储卡无病毒时，才可以装入智能手机、平板电脑中进行使用。

使用杀毒软件进行扫描以确定存储卡是否可以正常使用。

特别提醒

使用智能手机时应尽量避免与没有安装杀毒软件的计算机进行连接；智能手机中的重要数据等需要进行备份或加密处理，以免他人窃取个人信息，用户可将智能手机的开屏设置相应的密码或手势密码，防止信息外泄。

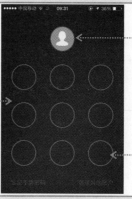

在智能手机中，可以对重要的应用软件设置密码，防止数据泄露。

在智能手机中，可以设置开机密码，防止陌生人窃取内部的数据，使用时需要输入正确的开机密码。

智能手机中的应用软件添加了加密功能，使用前需要输入正确的密码才可以正常使用。

　　在使用智能手机上网操作时不要随意打开来历不明的电子邮件，不要随意浏览不熟悉的网页，以防止病毒感染。若杀毒软件带有浏览器防护功能，那么当用户打开网站时，杀毒软件会自动拦截网址，停止智能手机进入网站，保护智能手机不受木马、黑客病毒的影响。

【杀毒软件的应用】

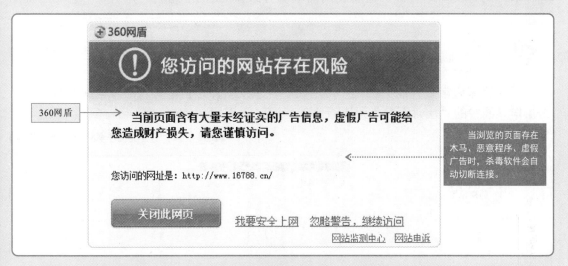

　　当智能手机使用一段时间后，要用杀毒软件定期对系统进行查病毒的操作，同时由于病毒的种类多、变异快且每天都可能有新的病毒产生。因此，杀毒软件必须及时更新升级（杀毒软件自动更新版本和病毒库），以确保杀毒的可靠性。

【杀毒软件的定期更新升级】

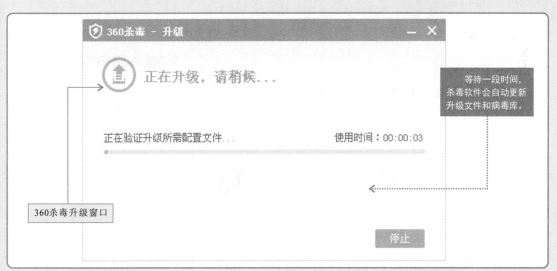

特别提醒

　　很多时候病毒的产生或更新都会先于杀毒软件病毒特征库的更新，因此时常在网上留意有关新病毒的消息也是非常重要的，这样可以及时了解一些病毒的显著特征和发作规律，以及时采取相应的措施避免病毒的入侵。

　　尽管如此，为了防止万一，对于智能手机中重要的文件和资料要及时做好存储备份工作，以确保一旦因感染病毒而造成数据丢失和系统崩溃将损失降到最低。

3.3.2 智能手机的病毒查杀

智能手机使用一段时间后或感染病毒后，都需要进行一次杀毒操作，不同杀毒软件进行杀毒的方式基本类似，这里我们以手机管家和360卫士为例，介绍一下查杀病毒的方法。

 1. 手机管家对病毒查杀的使用

手机管家通常是智能手机较为常用的一种杀毒软件，使用该软件查杀病毒时，可单击操作界面中的"病毒查杀"进入查杀的界面进行操作。

【使用手机管家对智能手机进行病毒的查杀】

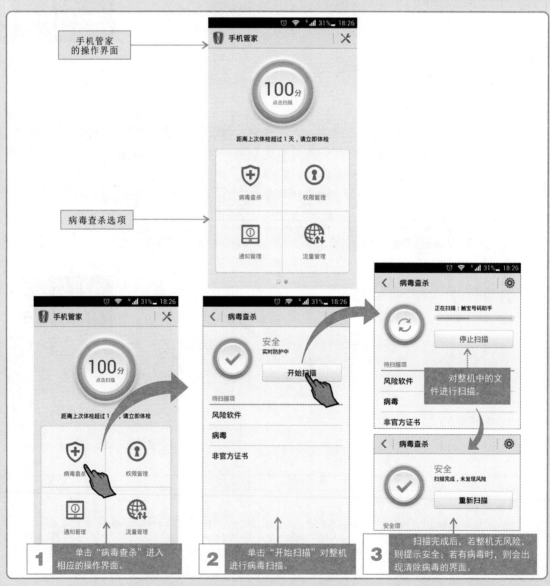

2.360卫士对病毒查杀的使用

360卫士可以用来为智能手机查杀病毒，下面我们介绍一下具体的操作方法。首先单击操作界面中的"手机杀毒"，进入操作界面，然后进行快速扫描，并进行清理。

【使用360卫士对病毒查杀的方法】

第4章 智能手机的信息安全与数据恢复训练

4.1
智能手机的信息安全保护措施

4.1.1 智能手机数据资料的备份

为了智能手机的安全,可以将一些重要的数据或不经常使用的数据资料备份存储到计算机或云存服务器上,移动存储后的数据可以保证安全,当用户想使用时,也可随时将数据移回智能手机中,目前常见的数据资料备份有两种方式:设备存储和云存储。

1. 设备存储

设备存储是指智能手机与计算机连接,将数据资料存储、复制或导入到计算机特定的文件夹中。通常情况下,智能手机都配备有 USB 数据线,可以用它将智能手机连接到计算机USB接口上,待连接好后计算机会自动识别智能手机设备,将需要存储的数据资料复制或导出到计算机指定的文件夹中,待传输完成后,即可断开智能手机的数据连接,完成数据的存储。

【智能手机通过USB数据线与计算机连接示意图】

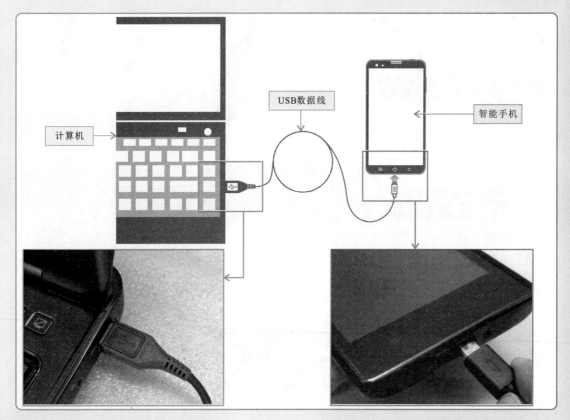

下面我们以典型的智能手机为例，介绍智能手机与计算机的连接，将智能手机中需要存储的数据资料复制及存储到计算机指定的文件夹中的方法。

【设备存储的方式备份数据】

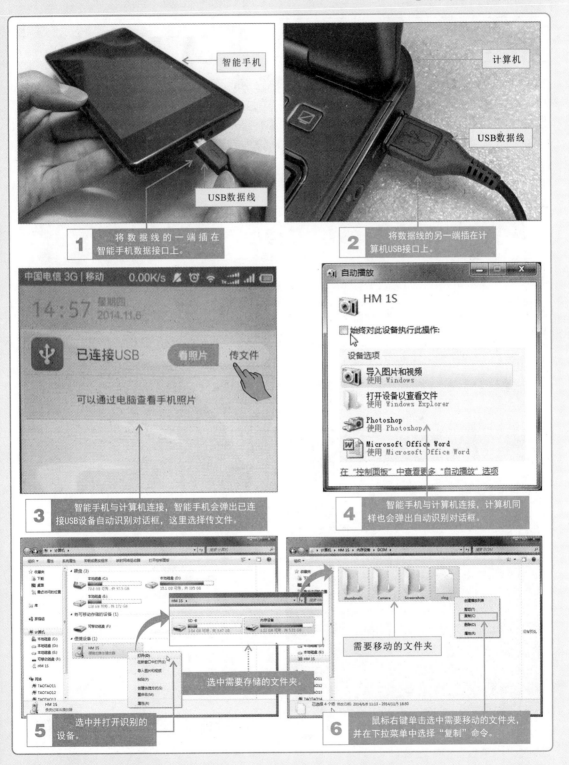

特别提醒

在数据资料存储之前，如果数据所占空间很大，可采用压缩的方式，也可以使用压缩软件将这些数据压缩、整合在一起后再进行存储，这样可减小数据占用空间。

通过USB数据线读入和写入数据时请勿从智能手机上拔下 USB数据线以及关闭智能手机，否则会丢失数据。

 2. 云存储

云存储是指智能手机存储的数据通过互联网存储在云服务器上供人存取的一种新型方案。使用者可以在任何时间、任何地方，通过智能手机联网的方式连接到云服务器上，方便存取数据。例如目前的云存储服务器有Windows Live SkyDrive、百度云、小米云服务、乐视云盘、华为网盘、360云盘、金山快盘、腾讯微云网盘（腾讯Q盘）、酷盘、115网盘、阿里云.OSS、联想网盘和云诺等。

【设备存储的方式备份数据】

无论是哪种云存储方式，均是通过第三方软件操作，下面我们以使用"小米云服务"软件存储数据资料，介绍一下云存储的基本方法。

【使用"小米云服务"存储数据资料的方法】

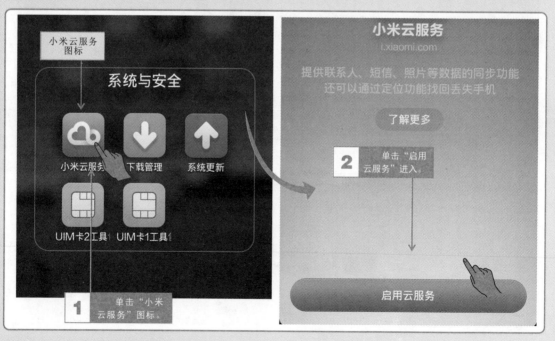

【使用"小米云服务"存储数据资料的方法（续）】

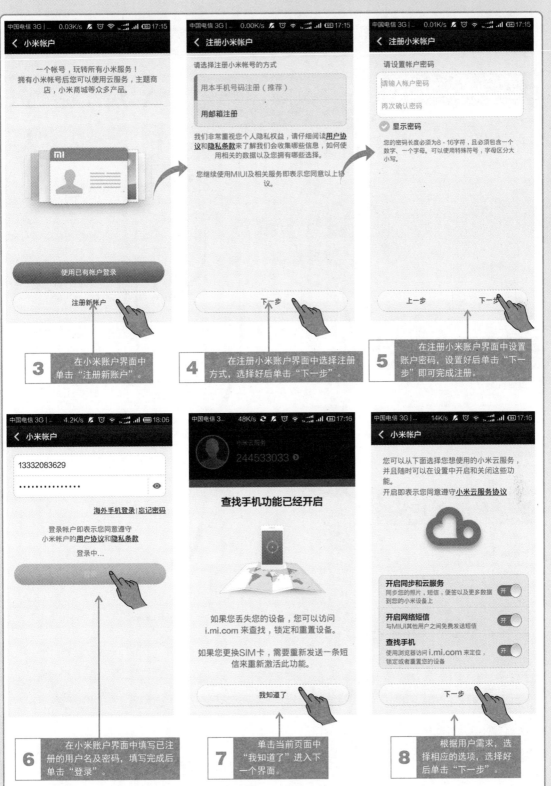

3 在小米账户界面中单击"注册新账户"。

4 在注册小米账户界面中选择注册方式，选择好后单击"下一步"。

5 在注册小米账户界面中设置账户密码，设置好后单击"下一步"即可完成注册。

6 在小米账户界面中填写已注册的用户名及密码，填写完成后单击"登录"。

7 单击当前页面中"我知道了"进入下一个界面。

8 根据用户需求，选择相应的选项，选择好后单击"下一步"。

【使用"小米云服务"存储数据资料的方法（续）】

9 根据用户需求，选择并设置相应的选项，将智能手机中的数据资料存储在云服务器上。

4.1.2 智能手机个人信息的备份

智能手机个人信息的存储是指将智能手机存储的部分或全部个人信息导出并加以存储，该导出能够在智能手机个人信息丢失或感染病毒时，将个人信息导入进来。智能手机个人信息的存储可分为通讯录信息的备份、短信的备份和图片的备份等。

1. 通讯录信息的备份

目前，使用智能手机的群体逐步增多，也有因工作需要，同时使用多部手机的情况，因此有多个不同的联系方式。为了确保安全起见，就需将通讯录信息导出到计算机或第三方软件中，若手机出现异常，无法打开通讯录时，至少通讯录还在。现在智能手机都支持通讯录备份（导出）与导入功能，例如百度通讯录、QQ同步助手、QQ通讯录、腾讯手机管家、微信、360手机助手、金山等众多的软件中都内置了"通讯备份"功能，无论用户使用其中的哪一款软件进行备份导出，都可以把联系人上传至相同的云端加密数据库。那么接下来使用一款众所周知的软件进行通讯录信息的备份导出。

【智能手机通讯录信息备份】

1	在智能手机或平板电脑界面中找到"微信"图标并单击进入。
2	在微信界面单击"设置"进入"设置"界面。
3	在设置界面中单击"通用"进入"通用"界面。

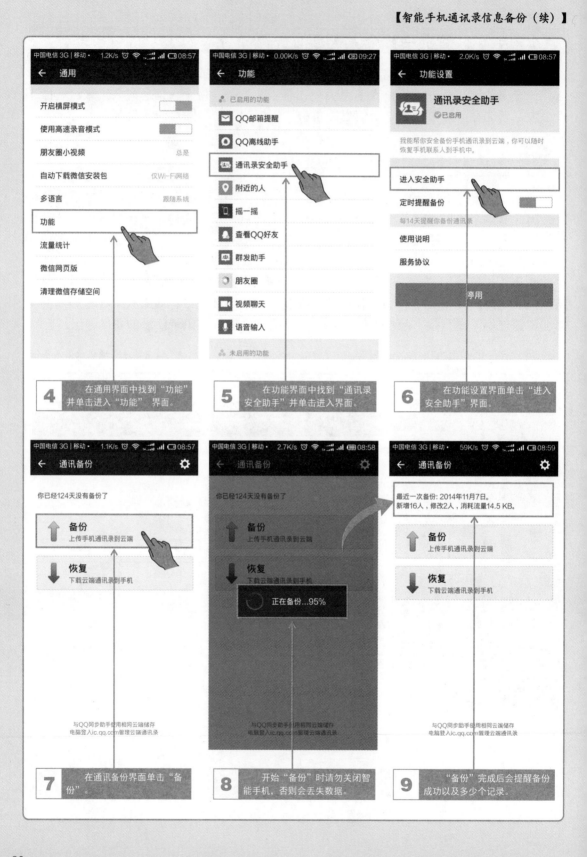

4 在通用界面中找到"功能"并单击进入"功能"界面。

5 在功能界面中找到"通讯录安全助手"并单击进入界面。

6 在功能设置界面单击"进入安全助手"界面。

7 在通讯备份界面单击"备份"。

8 开始"备份"时请勿关闭智能手机，否则会丢失数据。

9 "备份"完成后会提醒备份成功以及多少个记录。

智能手机通讯录信息备份好之后，接下来需要将备份好的通讯录信息导出到计算机中，并生成EXCEL格式的文件。

【智能手机通讯录信息备份到计算机中】

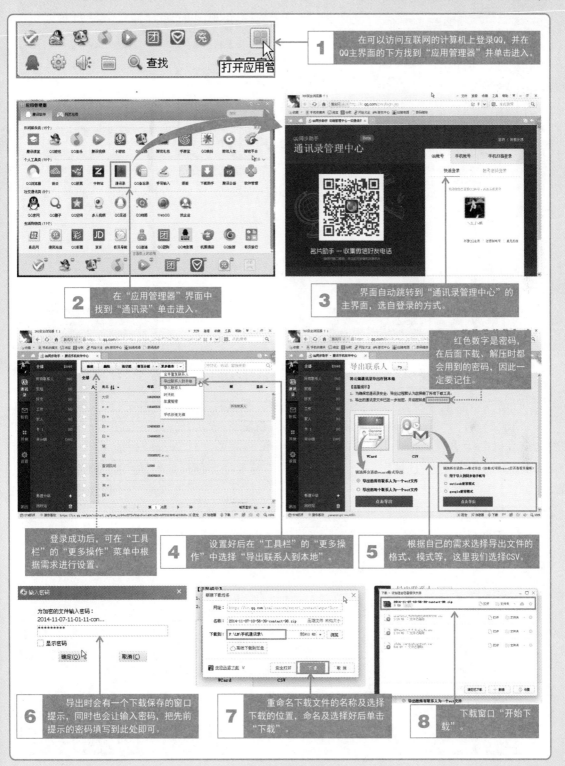

1 在可以访问互联网的计算机上登录QQ，并在QQ主界面的下方找到"应用管理器"并单击进入。

2 在"应用管理器"界面中找到"通讯录"单击进入。

3 界面自动跳转到"通讯录管理中心"的主界面，选自登录的方式。

登录成功后，可在"工具栏"的"更多操作"菜单中根据需求进行设置。

4 设置好后在"工具栏"的"更多操作"中选择"导出联系人到本地"。

红色数字是密码，在后面下载、解压时都会用到的密码，因此一定要记住。

5 根据自己的需求选择导出文件的格式、模式等，这里我们选择CSV。

6 导出时会有一个下载保存的窗口提示，同时也会让输入密码，把先前提示的密码填写到此处即可。

7 重命名下载文件的名称及选择下载的位置，命名及选择好后单击"下载"。

8 下载窗口"开始下载"。

【智能手机通讯录信息备份到计算机中（续）】

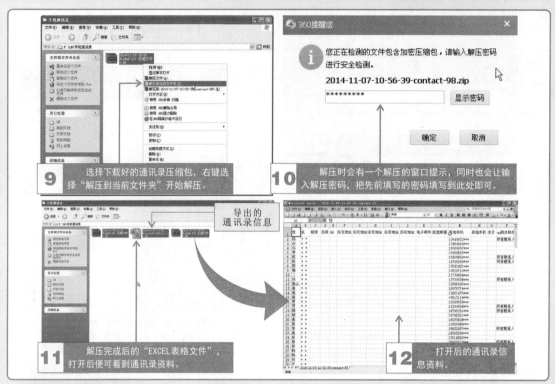

9 选择下载好的通讯录压缩包，右键选择"解压到当前文件夹"开始解压。

10 解压时会有一个解压的窗口提示，同时也会让输入解压密码，把先前填写的密码填写到此处即可。

11 解压完成后的"EXCEL表格文件"，打开后便可看到通讯录资料。

12 打开后的通讯录信息资料。

 2. 短信的备份

目前支持智能手机短信备份的软件有很多，只要在智能手机中安装支持短信导出、导入功能的软件，就可以将智能手机的短信备份到计算机中。接下来使用一款众所周知的360手机助手进行短信的导出。在备份之前我们需要在计算机和智能手机中分别安装360手机助手软件，并且使用同一个账号登录。登录上后便可进行短信的备份了。

【智能手机短信备份】

1 将计算机中安装好的360手机助手软件打开。

2 打开"360手机助手"软件后，单击"点击开始连接"。

3 在弹出的"连接新的手机"窗口中选择连接方式，可根据自己的情况任意选择一种即可。

【智能手机短信备份（续）】

计算机中的"360手机助手"软件界面。

智能手机中的"360手机助手"软件界面。

4 选择好连接方式后进行连接，连接成功后，计算机会提示连接成功。

5 同样智能手机也会弹出提示框提示，"您的手机成功连接电脑"。

6 选择并单击"我的手机"。

计算机中的"360手机助手"软件界面。

7 选择并单击"短信"。

智能手机中的"360手机助手"软件界面。

计算机弹出的窗口面

8 选连接成功后，计算机会弹出提示信息。

9 根据计算机弹出的提示信息，这里我们选择"允许"。

12 勾选好导出的短信后，点击"导出"会有"另存为"的窗口提示。

360手机助手

导出短信成功

确定

11 勾选好导出的短信后，单击"导出"。

10 在计算机菜单栏中，单击"短信"，根据需要勾选即将要导出的短信。

特别提醒

照片的备份与通讯录、短信的导出基本相同，这里我们还使用360手机助手进行照片的导出。

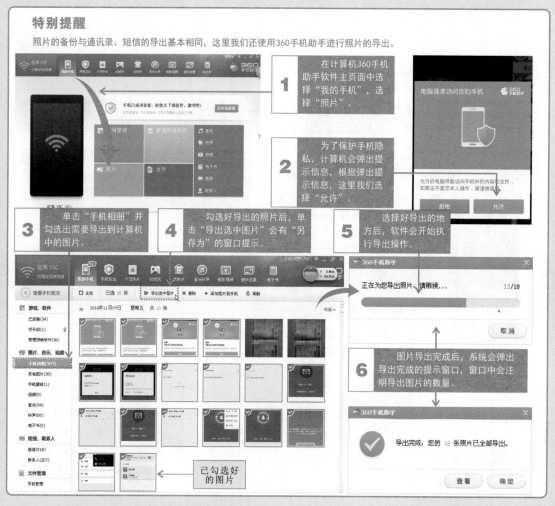

1 在计算机360手机助手软件主页面中选择"我的手机"，选择"照片"。

2 为了保护手机隐私，计算机会弹出提示信息，根据弹出提示信息，这里我们选择"允许"。

3 单击"手机相册"并勾选出需要导出到计算机中的图片。

4 勾选好导出的照片后，单击"导出选中图片"会有"另存为"的窗口提示。

5 选择好导出的地方后，软件会开始执行导出操作。

6 图片导出完成后，系统会弹出导出完成的提示窗口，窗口中会注明导出图片的数量。

360手机助手

正在为您导出照片，请稍候… 12/18

取消

360手机助手

导出完成，您的 18 张照片已全部导出。

查看   确定

已勾选好的图片

4.2
智能手机的数据恢复方法

4.2.1 智能手机个人信息的导入

　　智能手机个人信息的导入是建立在已经有导出文件的基础之上。前面我们已经介绍了智能手机个人信息的备份，接下来介绍一下个人信息的导入。这里我们还是使用360手机助手软件进行个人信息的导入。

1. 通讯录信息的导入

　　使用360手机助手软件导入个人的通讯录信息时，首先需要将智能手机与之前备份好的计算机相连，然后在计算机中将备份好的通讯录信息导入到智能手机中。

【智能手机通讯录的导入】

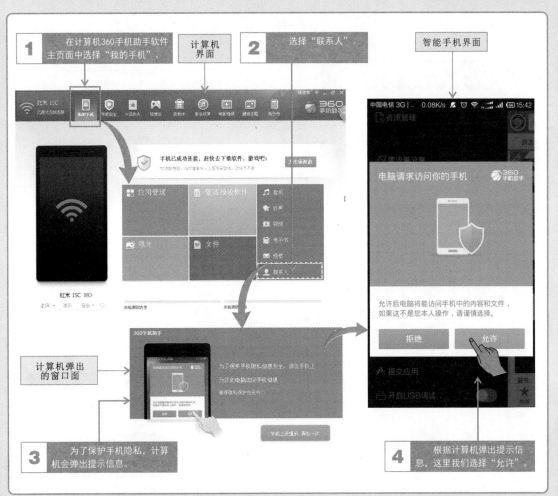

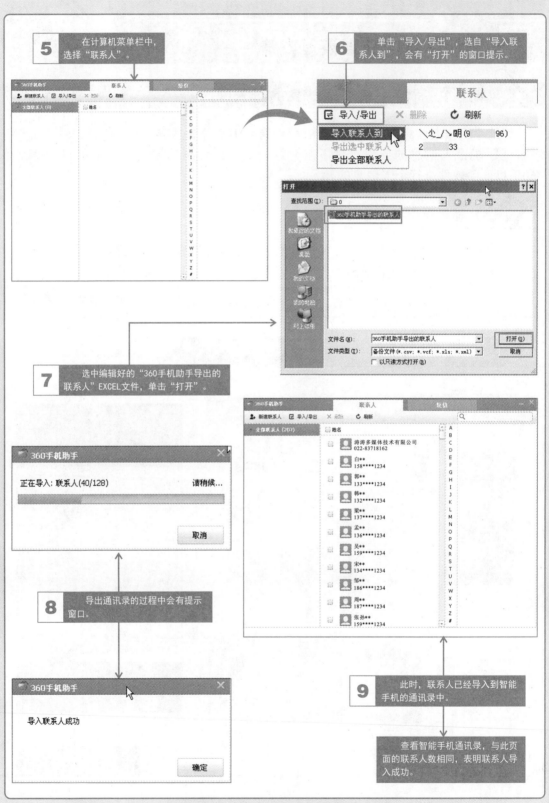

5 在计算机菜单栏中，选择"联系人"。

6 单击"导入/导出"，选自"导入联系人到"，会有"打开"的窗口提示。

7 选中编辑好的"360手机助手导出的联系人"EXCEL文件，单击"打开"。

8 导出通讯录的过程中会有提示窗口。

9 此时，联系人已经导入到智能手机的通讯录中。

查看智能手机通讯录，与此页面的联系人数相同，表明联系人导入成功。

2. 短信的导入

将短信导入智能手机时，同样可以使用360手机助手软件来完成，首先需要将智能手机与之前备份好的计算机相连，然后在计算机中将备份好的短信导入到智能手机中。

【智能手机短信的导入】

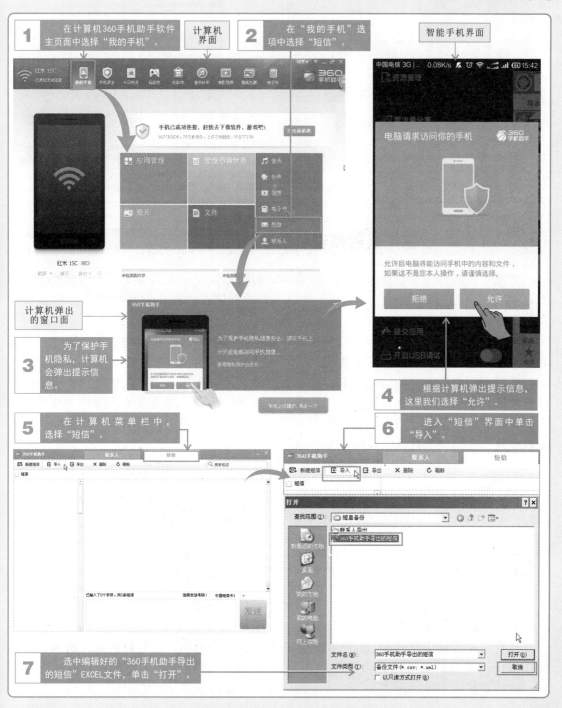

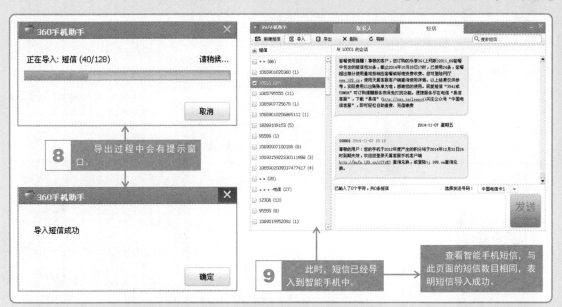

4.2.2 智能手机数据资料的恢复

智能手机数据恢复是指通过第三方软件进行数据恢复。大多情况下，对智能手机中的数据进行恢复的最终目的，实际上是为了挽救存储在内存中的数据资料，例如联系人、短信、通话记录等。

一旦智能手机数据丢失，人们关注的重点往往是如何找回存储的数据，因此，对于智能手机数据的恢复也是非常重要的。

智能手机数据丢失的原因很多，除内存损坏外，误删除、误格式化等人为操作失误造成数据丢失的情况非常普遍。由于智能手机内存结构和工作方式的特殊性，这些数据大多只能够借助第三方数据恢复软件"找回来"。下面，我们就借助第三方智能手机数据恢复软件介绍一下数据恢复的基本方法。

特别提醒

值得注意的是，采用第三方数据恢复软件恢复智能手机数据的方法并非百分百有效。通常，若原文件存储的区域已经进行了重新写入数据的操作，则使用数据恢复软件也可能无法恢复原丢失的数据。

1. 使用"手机数据恢复精灵"软件恢复数据

手机数据恢复精灵是一款比较新的智能手机数据恢复软件，通过该软件相应功能可将联系人、通话记录、短信等进行恢复。

运行手机数据恢复精灵，首先应进入该软件的欢迎界面。软件打开后，进入软件的操作界面，在该界面可以看到软件的基本功能项目，首先根据需要选择相应的恢复项目，然后根据软件提示，进入下一步操作，按照步骤提示进行操作即可。

【运行手机数据恢复精灵软件的操作界面】

2. 使用"手机通讯录恢复"软件恢复数据

手机通讯录恢复软件是一款智能手机专门恢复通讯录的数据恢复软件,通过该软件的相应功能除了可以恢复通讯录,还可以清理隐私。运行手机通讯录恢复软件程序,进入通讯录恢复主界面。

【运行手机通讯录恢复软件的操作界面】

第5章 智能手机的升级与刷机训练

5.1
智能手机的升级

5.1.1 智能手机升级前的准备

智能手机升级侧重于对原有系统的优化,用于完善原有系统中存在的漏洞或设计缺陷,通过升级可以实现智能手机性能的提升,类似计算机操作系统的更新升级。在进行智能手机系统的升级前,需要做好必要的准备工作,以便升级操作顺利完成。

1.升级前需要检查设备的兼容性

智能手机系统升级前需要检查设备的兼容性,即检查智能手机是否支持升级到当前的新版本。若不支持,或智能手机当前版本过低,都会导致升级失败,甚至影响正常使用。

2.升级前需要清理应用程序

在对智能手机进行升级前,最好对原有的应用程序进行清理,清除一些很少使用的应用程序,释放更多的存储空间,为升级新系统做好准备。

【清除很少使用的应用程序】

3. 升级前需要清理设备缓存

智能手机使用中，如上网、游戏等，会将所使用软件中的文字、图片等信息先下载到缓存中显示出来，这些数据都以一定的文件形式占据缓存空间。为确保升级的顺利进行，需要释放足够的缓存空间。通常，可借助智能手机的管理软件，如手机优化大师、360卫士等进行缓存清理。

【升级前的缓存清理】

智能手机缓存清理

4. 升级前需要备份数据

为防止智能手机在升级过程中出现异常，导致存储数据丢失，应先将智能手机中的重要数据进行备份，如照片、通讯录等，并尽量将这些数据存储到外部设备，如计算机中，以便随时取用。

【升级前的数据备份】

备份手机中的通讯录。

特别提醒

不同品牌的智能手机具体升级的步骤和要求不完全相同，升级前的准备操作也有差别，需要仔细了解当前系统版本升级的各项要求后再进行操作。

5.1.2 智能手机的升级方法

智能手机升级前，应先了解具体的升级方式，然后根据不同的需求，使用不同的升级方式对智能手机升级。

1. 智能手机的系统升级方式

智能手机的升级操作相对比较简单，主要有两种方式，即设备自主升级和借助计算机升级两种。

（1）设备自主升级　是指通过智能手机自身的下载功能，从官方下载升级程序，并安装程序进行系统升级的操作。这种升级方式要求智能手机接入互联网，在网络稳定的环境下进行。

（2）借助计算机升级　是指通过连接的计算机完成智能手机的升级操作。这种升级方式首先要将智能手机与计算机之间通过数据线建立连接，然后利用计算机中的工具软件将系统的升级程序安装到智能手机中。

【借助计算机进行智能手机系统升级的操作方法】

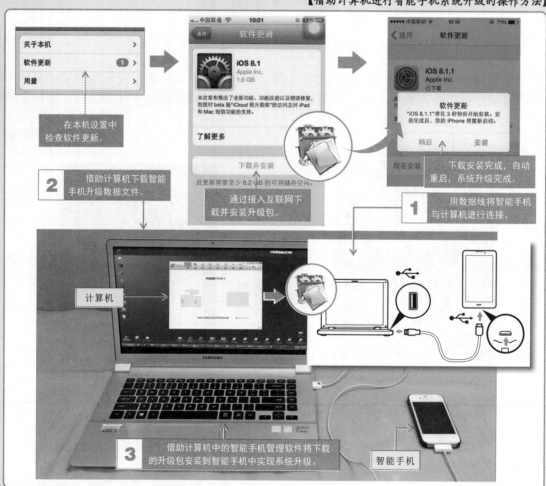

2. 智能手机的系统升级方法

不同品牌的智能手机，系统升级的具体操作方法也不同，具体操作时需要根据相应的升级要求和步骤进行。

下面，以典型智能手机为例，介绍一下系统升级的流程和操作方法。按照升级操作的基本流程，首先进入智能手机的"设置"程序中，检查软件更新，提示更新后，下载并安装升级包，完成更新重启机器即可。

【典型智能手机升级的操作方法】

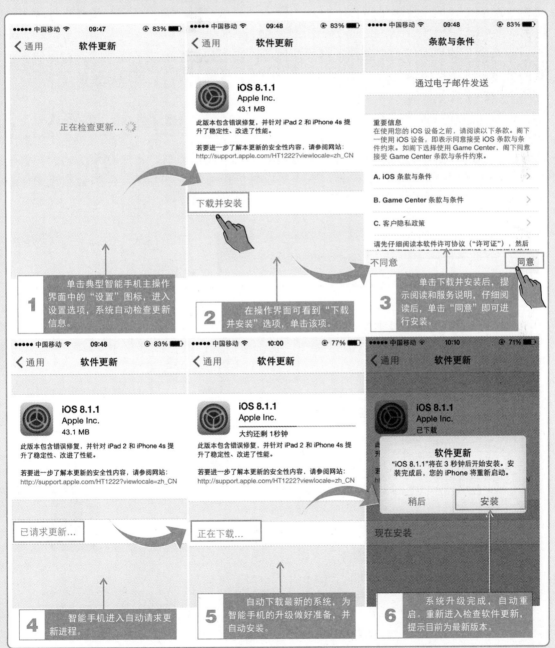

5.2 智能手机的刷机

第5章

5.2.1 智能手机刷机前的准备

刷机是一种改变智能手机原有系统的操作。即通过一定的方法用新的系统替换或改变原有系统,实现系统自带语言、图片、铃声、菜单、图标等的变化,类似将计算机原有的Windows XP重装为Windows 7操作系统的过程。

刷机的目的是在不改变硬件条件的前提下,实现智能手机或平板电脑原有系统受损后的修复,解决反应速度慢、死机、原系统版本异常等问题,也可通过替换操作系统,实现用户的个性化设置。

目前,用户刷机的目的主要可以分为三类:第一类是通过刷机改变原有系统版本,如英文系统刷为中文系统;第二类是解决设备原有系统被损坏后,造成的功能失效或无法开机问题,可通过刷机恢复;第三类是根据用户个性化需求,将原有系统刷为其他喜欢的系统。对智能手机进行刷机时,首先要做好刷机前的各种准备,即结合刷机操作要求,在刷机前做好硬件和软件两方面的准备。

1. 硬件准备

智能手机刷机一般不能通过本机进行刷机,需要借助外部硬件设备或工具进行,包括计算机、SD卡和数据线等。

其中,计算机主要用于下载智能手机的必要驱动程序、工具软件、数据文件等;SD卡主要用于存储刷机用到的数据文件、备份数据等;数据线则是用于实现智能手机与计算机的连接。

【智能手机刷机前的硬件准备】

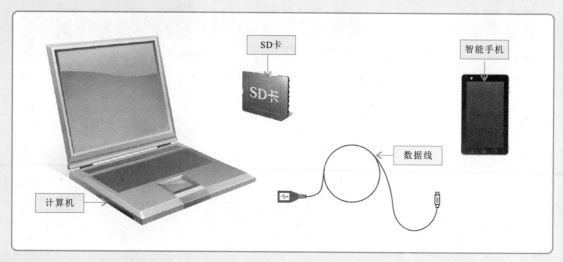

SD卡

智能手机

数据线

计算机

2. 软件准备

在智能手机刷机操作中，会应用到大量的软件和数据文件，因此，做好软件方面的准备是刷机前的关键环节。软件方面的准备主要包括刷机软件准备、刷机数据文件准备、刷机包准备等。

【智能手机刷机前的软件准备】

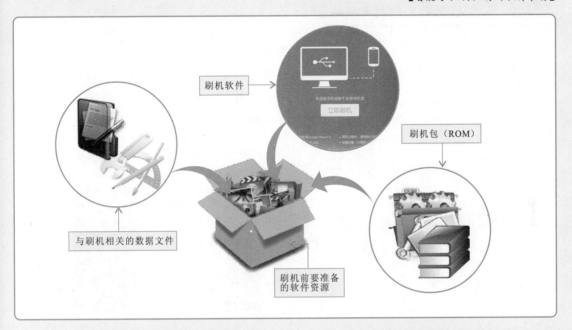

刷机软件是指智能手机刷机操作所借助的一些专用于刷机的应用软件。目前，这类软件较多，如刷机精灵、百度云刷机、绿豆刷机神器等。首先将这些软件安装在计算机中，通过软件中的刷机功能实现一键刷机。

此外，有些智能手机无法借助刷机软件刷机，需要手动进行，此时需要在操作前准备好刷机用的各种数据文件，包括刷机包、Root文件等，这些数据文件可在相应设备官方网站或第三方网站下载获取。

特别提醒

刷机都是对智能手机的系统进行的操作。在操作中，往往会涉及一些比较容易混淆的概念，如"Root""系统权限""越狱"和"ROM固件包"等，这里我们简单了解一下其基本含义。

Root是指对智能手机系统进行的破解操作。智能手机的原有系统有权限范围，用户操作受到一定限制。对系统进行Root之后用户具有系统的所有权限，可以进行刷机，更换系统；可以随意删除系统自带的软件，安装更加方便；可以使用屏幕截图（很多截图软件需要获取Root权限）等。

系统权限是指用户使用智能手机时可以进行的操作。系统Root后用户可以获取系统中所有的权限，成为Root超级用户。

越狱是针对苹果的iOS系统的破解操作，也是开放用户操作权限，获得iOS系统的完全控制，使用户能够随意删减系统软件，可以自定义安装非官方的应用程序。这种操作是针对苹果的iOS系统的破解，与Root含义基本相同。

ROM固件包是刷机时需要用到的一种数据文件，简单理解为智能手机的操作系统，一般可以从官方网站或第三方网站下载获取。

值得注意的是，刷机时待安装的操作系统固件包一定要在正规的官方网站获取，并在刷机前严格比对，确定当前操作系统固件包符合安装要求，方可进行刷机操作。

刷机操作带有一定的危险性，一旦刷机过程中由于误操作导致断电、数据传输断开或操作系统刷机包不匹配等情况都可能导致手机操作系统刷机失败，严重时还将导致智能手机操作系统完全损坏，智能手机无法开机，无法使用，变成一块"板砖"。因此，刷机操作需谨慎，并严格按照要求进行操作。

刷机时特别注意，要保证智能手机电池的电量在80%以上，以防突然断电导致刷机失败，引起不必要的麻烦。

5.2.2 智能手机的刷机方法

智能手机刷机前，应先了解具体的刷机方式，然后根据不同的需求，使用不同的刷机方式对智能手机刷机。

1. 智能手机的刷机方式

目前，智能手机的刷机方式主要分为卡刷和线刷两种。

卡刷是指采用存储卡完成智能手机的刷机操作。这种刷机方式要先将待安装的操作系统固件包（ROM固件包）存储到智能手机的存储卡（SD卡）中，然后利用智能手机中的操作系统刷写程序（Recovery）将存储卡（SD卡）中存储的操作系统固件包安装到智能手机中。

【卡刷方式操作示意图】

从正规官方网站下载操作系统固件包。 → 操作系统固件包存储到存储卡（SD卡）中。 → 将存储卡（SD卡）放入手机中。 → 进入手机的Recovery模式进行刷机。

特别提醒

Recovery是目前大多数智能手机自带的操作系统刷写程序，该程序不仅可以完成系统安装，它还具有数据备份、还原、清除、存储卡分区等多项实用功能。

Recovery模式下通常包含有以下几个主要的功能（不同机型手机的Recovery模式功能不同）。

① Reboot system now——重启。

② Backup/Restore——备份和还原（可以完整地将系统备份至SD卡中），该选项包含多个选项：

Nand backup——Nand 备份

Nand + ext backup——Nand 备份（系统和ext 分区一同备份）

Nand restore——还原（就是还原备份文件）

BART backup——BART 备份（包括系统和ext 分区）

BART restore——还原最后一次的BART备份

③ Flash zip from sdcard——从sd卡根目录的zip ROM固件进行刷机。

④ Wipe——清除数据（通常刷机前需要进行操作，用于清空个人数据）。该选项还包含多个选项：

Wipe data/factory reset——清除内存数据和缓存数据

Wipe Dalvik-cache——清除缓存数据 +ext 分区内数据

Wipe SD : ext partition——只清除ext 分区内数据

Wipe battery stats——清除电池数据

Wipe rotate settings——清除传感器内设置的数据

⑤ Partition sdcard——分区SD卡。

　　线刷是指通过连接的计算机完成智能手机的刷机操作。线刷方式首先要将智能手机与计算机之间通过数据线建立连接，然后利用计算机中的刷机软件将操作系统的固件包安装到智能手机中。

【线刷方式操作示意图】

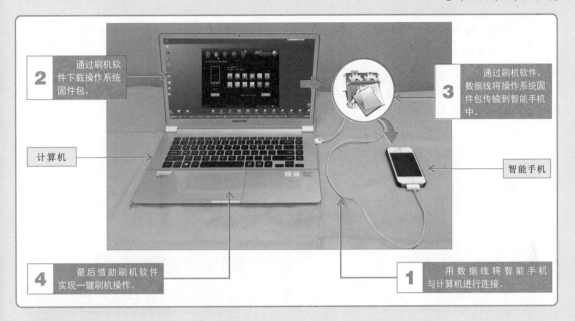

2. 智能手机的刷机方法

　　不同品牌的智能手机，刷机的具体操作方法也不同，具体操作时需要根据相应的刷机要求和步骤进行。下面，以中兴（ZTE）N880E型智能手机为例，介绍一下刷机的流程和操作方法。根据要求，我们将中兴 N880E型智能手机的Android系统刷为小米手机的MIUI系统。在对中兴N880E型智能手机刷机前，需要做好刷机前准备工作，如准备好SD卡、安装手机驱动、刷入Recovery程序、获取操作权限（Root）和下载刷机固件包等，准备工作完成后，开始操作手机进行刷机。

【典型智能手机升级的操作方法】

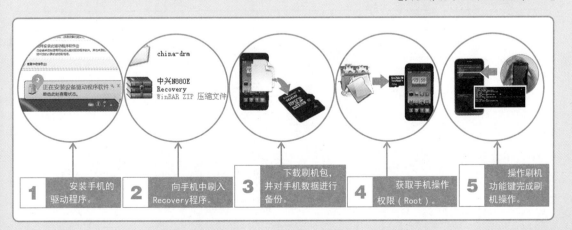

安装手机驱动程序为刷机做好初步准备。一般情况下，安装中兴N880E型智能手机的驱动程序，需要先将手机与计算机连接，利用计算机上的工具软件，使手机自动匹配安装驱动。

【智能手机驱动程序的安装】

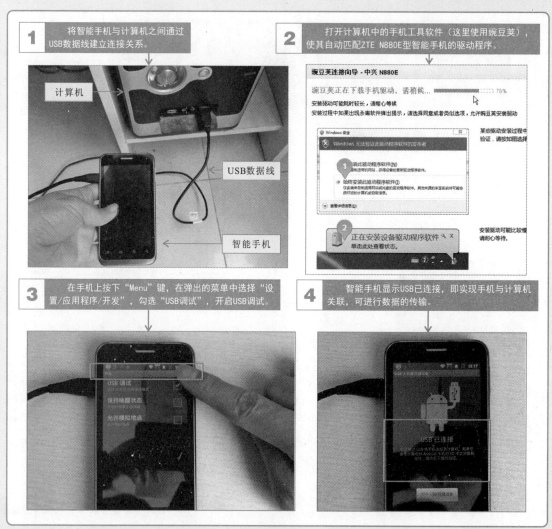

1 将智能手机与计算机之间通过USB数据线建立连接关系。

计算机

USB数据线

智能手机

2 打开计算机中的手机工具软件（这里使用豌豆荚），使其自动匹配ZTE N880E型智能手机的驱动程序。

3 在手机上按下"Menu"键，在弹出的菜单中选择"设置/应用程序/开发"，勾选"USB调试"，开启USB调试。

4 智能手机显示USB已连接，即实现手机与计算机关联，可进行数据的传输。

特别提醒

智能手机驱动程序安装完成后，可在计算机设备管理器窗口查看驱动是否安装成功。

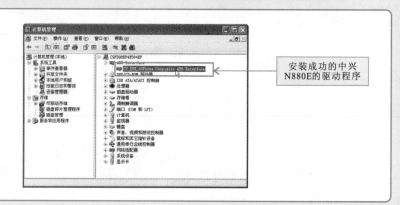

安装成功的中兴N880E的驱动程序

中兴N880E型智能手机本身不带有Recovery程序，也需要先进行安装，为刷机操作做好准备。首先，从中兴官网下载"Recovery.zip"压缩包数据文件，并将该压缩包解压到计算机C盘根目录中，得到Recovery程序运行文件（.exe格式文件）。

接着，将中兴N880E型智能手机通过数据线与计算机连接，并将手机的USB调试允许打开，然后在确保计算机与智能手机连接的状态下，鼠标左键双击Recovery程序运行文件，按任意键开始刷入Recovery，最后提示Recovery刷写成功。

【智能手机Recovery程序的安装】

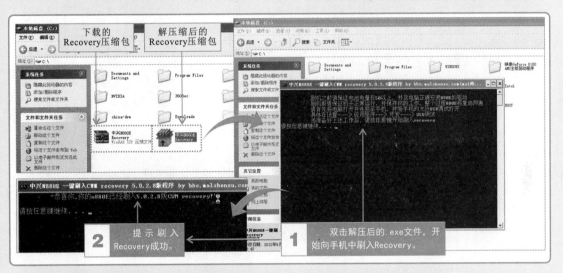

智能手机的操作有一定的权限限制，在刷机前需要获取手机权限，即手机Root操作。先从官网上下载"Root.zip"数据压缩包，不要解压缩，直接将其存入SD卡（存储卡）中。再拿一张空白的SD卡，容量在512MB以上，尽量不要用手机自带的SD卡，因为内部存储数据较多，还需要复制到其他存储设备上，否则容易误操作删除数据。将空白SD卡格式化，格式化时选择FAT32格式，然后将之前下载好的"Root.zip"数据压缩包复制到格式化完成的SD卡的根目录中。

【下载和存储"Root.zip"数据压缩包】

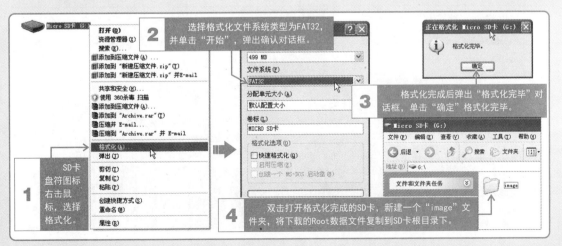

中兴N880E型智能手机的Root操作，可在Recovery模式下进行。首先，将包含"root.zip"文件的SD卡装入手机中。然后进入手机的Recovery模式，即在手机关机状态下，同时按住开/关机按键和音量增减键，保持十几秒后，即可进入Recovery模式。

【智能手机进入Recovery模式】

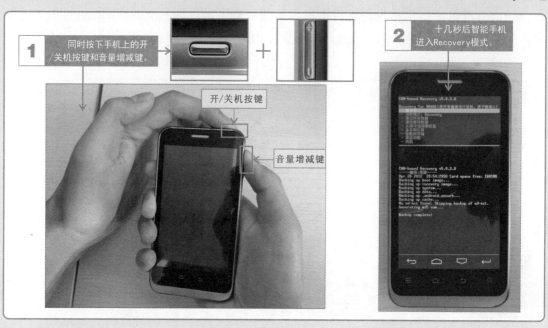

特别提醒

在中兴N880E型智能手机Recovery模式中进行操作时，操作按键含义分别为：音量上键→向上移动，音量下键→向下移动，房子键→确认，返回键→返回上一级菜单。不同品牌智能机的Recovery模式不同，需要特别注意。

接着，开始进行获取权限Root操作。在Recovery模式中选择"从SD卡选择刷机包"，在新界面选择"从SD卡选择zip文件"，在SD卡中找到之前存储的Root文件"root.zip"，按下手机的房子键确认后，开始进行Root操作。

【智能手机的Root操作】

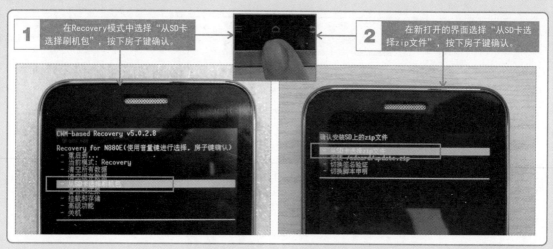

【智能手机的Root操作（续）】

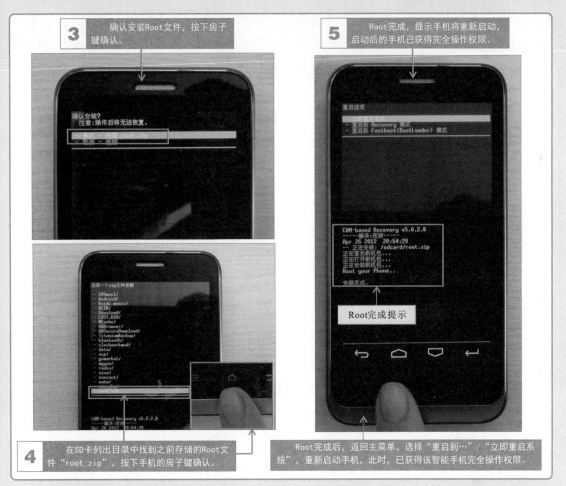

3 确认安装Root文件，按下房子键确认。

4 在SD卡列出目录中找到之前存储的Root文件"root.zip"，按下手机的房子键确认。

5 Root完成，提示手机将重新启动，启动后的手机已获得完全操作权限。

Root完成提示

Root完成后，返回主菜单，选择"重启到…"/"立即重启系统"，重新启动手机，此时，已获得该智能手机完全操作权限。

　　在刷机前首先要做好准备工作，除了前面三个步骤的操作外，还需要准备好刷机用到的数据文件、存储设备（SD卡）以及对手机原有数据进行备份。

　　首先，根据需要下载ROM固件包，这里我们选择MIUI 2.1.13系统进行刷机。进入MIUI官方网站，在"MIUI下载"选项中找到中兴N880E型智能手机的ROM固件包。

【下载中兴N880E型智能手机ROM固件包】

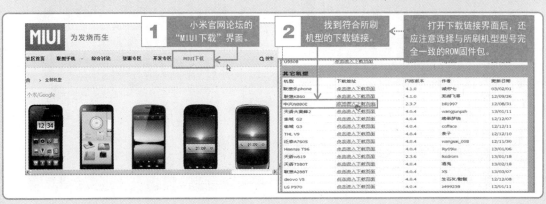

1 小米官网论坛的"MIUI下载"界面。

2 找到符合所刷机型的下载链接。

打开下载链接界面后，还应注意选择与所刷机型型号完全一致的ROM固件包。

将下载好的操作系统固件包（.zip格式）保存好，不要解压缩，直接将其存入SD卡根目录中，存储到SD卡上的刷机包名称应以".zip"结尾，文件名称中不能包含中文。

【复制固件包到SD卡上的操作】

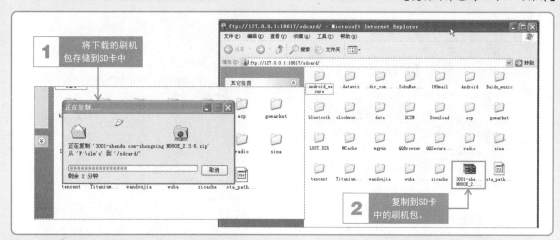

特别提醒

操作完成后，准备进行刷机，刷机前，首先将智能手机中的数据备份。

智能手机数据备份的方法有多种，可通过智能手机自带数据备份功能或管理软件备份，备份的内容也可根据需要进行选择，如备份手机系统内的短信、通讯录、通话记录等。备份时首先将智能手机与计算机连接，打开"豌豆荚手机精灵"软件，选中"通讯录"选项→导出即可，备份的数据可存储在计算机指定文件夹中，也可备份至智能手机自带的SD卡中，具体操作方法可参考上一章节。

对中兴N880E型智能手机进行数据备份时，也可以在Recovery模式进行数据备份。即进入该智能手机的Recovery模式，选择"备份和还原"项，可将原操作系统进行完成备份（类似计算机的ghost备份）。同样，在该模式下也可将智能手机的原操作系统还原。

【智能手机的系统备份】

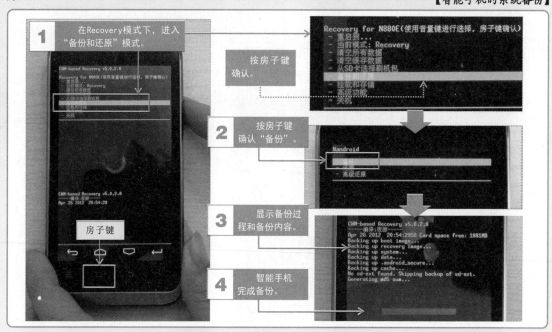

通过前面的操作步骤，在满足刷机的软硬件条件后，开始进行刷机的基本操作。即在手机关机状态下，同时按住开/关机按键和音量增减键，保持十几秒后进入Recovery模式。进入Recovery模式后，首先清除用户数据和缓存数据。即在Recovery模式下，分别进入"清空所有数据"和"清空缓存数据"两项，进行清除。

【清除数据操作】

1 在Recovery模式中，按音量键移动选择"清空所有数据"，按下房子键确认。

2 在新打开的界面确认清空所有的数据。

3 智能手机显示清空过程和数据清空完成状态。

4 重新进入Recovery模式，选择"清空缓存数据"。

6 智能手机显示清空过程和缓存清空完成状态。

5 确认清空缓存步骤，按下房子键确认。

房子键

接着，开始进入卡刷模式。在Recovery模式中选择"从SD卡选择刷机包"，在新界面选择"从SD卡选择zip文件"，在SD卡中找到之前存储的刷机包"zhongxing N880E 2.3.6.zip"，按下手机的房子键确认后，开始刷机。

【中兴N880E型智能手机的刷机操作】

1 在新打开的界面选择"从SD卡选择刷机包"，按下房子键确认。

2 在新打开的界面选择"从SD卡选择zip文件"，按下房子键确认。

5 确认确实安装刷机包。

4 按一下房子键进行确认。

3 操作音量减键，或屏幕上的向下标识，选择刷机包文件。

刷机包

房子键

刷机完成

返回键

刷机完成后，返回首菜单，选择"重启到…"/"立即重启系统"，启动界面变为"MIUI系统"界面，表示刷机成功。

6 刷机完成，按下返回键，重新回到Recovery模式，退出模式。

中兴N880E型智能手机刷机成功后，手机系统由之前的Android系统变为小米的MIUI系统，通过用户的操作界面可以看到刷机前后的不同。

【中兴N880E型智能手机刷机完成】

特别提醒

不同的智能手机刷机时的具体操作步骤以及按键有所不同，例如联想乐phone 3GW101型智能手机刷机操作需要的操作按键主要有魔镜键（手机右侧按键）、开关机按键和音量调整键等。

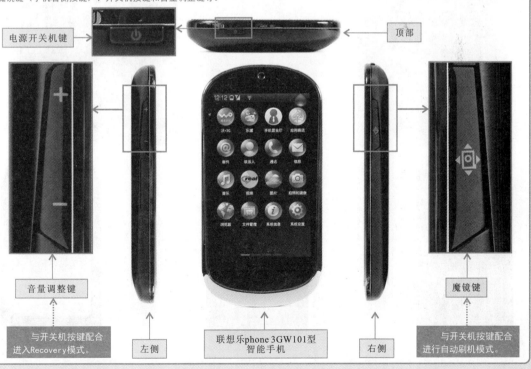

特别提醒

联想乐phone 3GW101型智能手机的刷机操作较为简单,首先将联想乐phone 3GW101型智能手机关机,然后取下手机中自带的SD卡和SIM卡,再把装有固件的SD卡装入手机中。然后,按住手机的魔镜键,再按下开/关机按键,进行开机,屏幕出现"Lenoveo"画面后松开电源开/关按键,此时仍然按住魔镜键。等待出现刷机界面后(几行白色英文字),松开魔镜键,将智能手机静置桌面等待手机自动刷机,刷机完成后,手机自动重启,刷机成功。

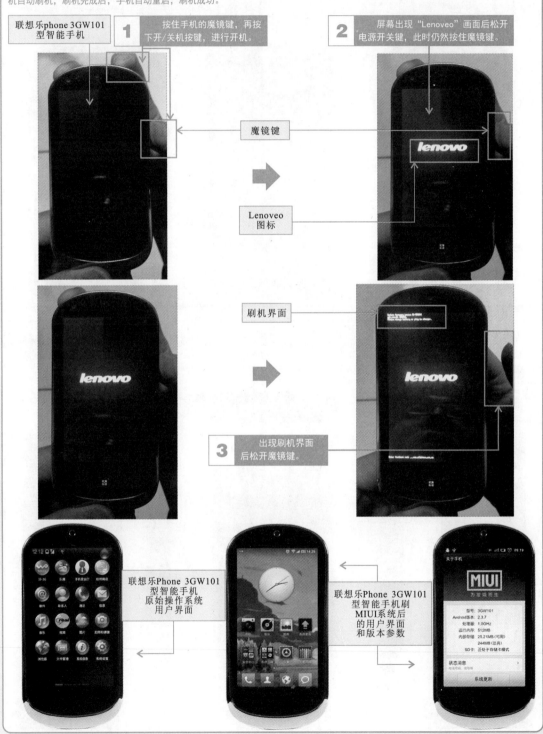

第6章 智能手机组成部件的检测代换训练

6.1 显示屏组件的应用与检测代换

6.1.1 显示屏组件的特点与应用

显示屏组件是智能手机的主要显示部件，主要用来显示手机的相关信息，如控制面板、信号强度、电池电量以及来电、短信等。

显示屏组件主要由液晶显示屏和屏线等部分构成，液晶显示屏用来显示手机的相关信息，屏线用来连接显示屏和主电路板，以便将数据信号和供电传送到液晶显示屏中。

微处理器及数据信号处理芯片输出数据信号，先送至屏线接口，然后数据信号通过屏线传输到液晶显示屏中，液晶显示屏根据数据信号，显示相关的信息。液晶显示屏的背光灯供电也是由屏线进行传输的。

【显示屏组件的功能特点】

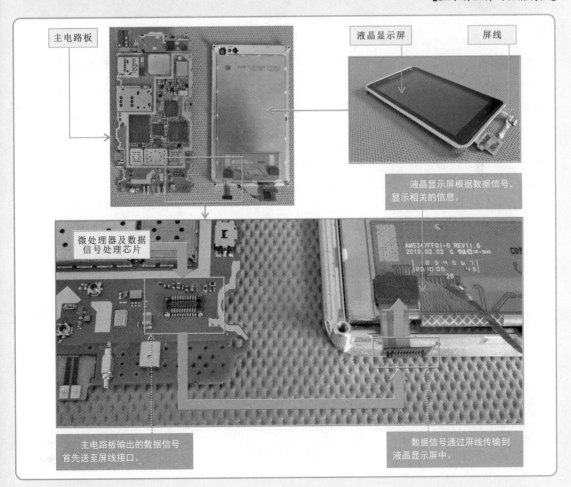

6.1.2　显示屏组件的检测代换

　　显示屏出现故障，会使智能手机出现屏幕无显示、背光不亮、坏点、显示异常等现象。若发现液晶屏显示出现异常，排除参数设置的原因后，就需要将智能手机外壳拆开，对显示屏组件进行检查。

　　若怀疑显示屏出现故障，应对显示屏组件进行拆卸，在拆卸的同时对显示屏和屏线进行细致的检查。

【显示屏组件的检查方法】

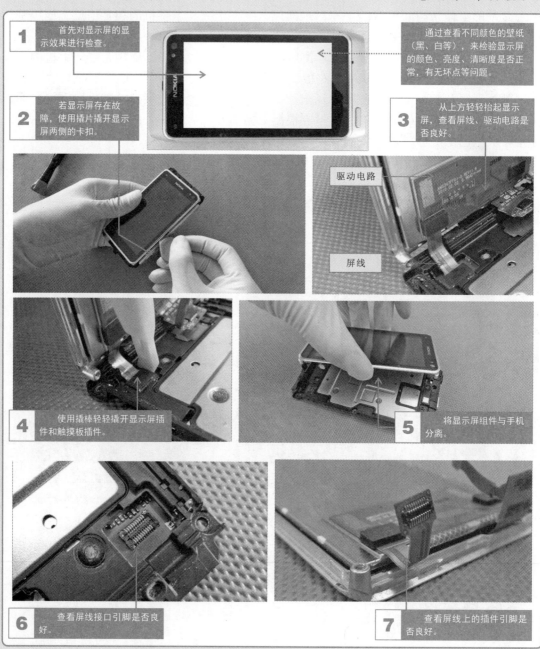

1 首先对显示屏的显示效果进行检查。

通过查看不同颜色的壁纸（黑、白等），来检验显示屏的颜色、亮度、清晰度是否正常，有无坏点等问题。

2 若显示屏存在故障，使用撬片撬开显示屏两侧的卡扣。

3 从上方轻轻抬起显示屏，查看屏线、驱动电路是否良好。

驱动电路

屏线

4 使用撬棒轻轻撬开显示屏插件和触摸板插件。

5 将显示屏组件与手机分离。

6 查看屏线接口引脚是否良好。

7 查看屏线上的插件引脚是否良好。

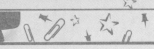

若发现显示屏组件有损坏的迹象，则应根据智能手机的型号或显示屏、屏线的型号对损坏部分进行更换。

【显示屏组件的更换方法】

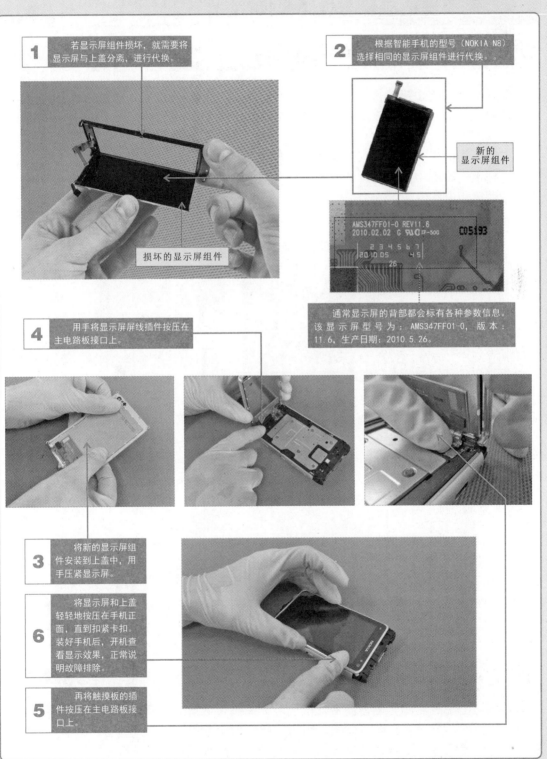

1 若显示屏组件损坏，就需要将显示屏与上盖分离，进行代换。

损坏的显示屏组件

2 根据智能手机的型号（NOKIA N8）选择相同的显示屏组件进行代换。

新的显示屏组件

AMS347FF01-0 REV11.6
2010.02.02 G SUD TF-50G C05193
2 3 4 5 6 7
2010 05 4 5
26

通常显示屏的背部都会标有各种参数信息。该显示屏型号为：AMS347FF01-0，版本：11.6，生产日期：2010.5.26。

4 用手将显示屏屏线插件按压在主电路板接口上。

3 将新的显示屏组件安装到上盖中，用手压紧显示屏。

6 将显示屏和上盖轻轻地按压在手机正面，直到扣紧卡扣。装好手机后，开机查看显示效果，正常说明故障排除。

5 再将触摸板的插件按压在主电路板接口上。

6.2 触摸屏的应用与检测代换

6.2.1 触摸屏的特点与应用

触摸屏是智能手机的操作指令输入部件，它通过矩阵感应方式识别人手的位置，并将生成的感应信号作为人工指令信号传送到主电路板中。

触摸屏通过软排线与主电路板相连，当操作人员触摸屏幕的某一位置时，触摸屏内部相应位置的电极会感应到人手，生成感应信号，该信号经过软排线后作为人工指令信号传送到主电路板中，微处理器及数据信号处理芯片进行识别处理后，智能手机便会根据信号做出相应的反应。

【触摸屏的功能示意图】

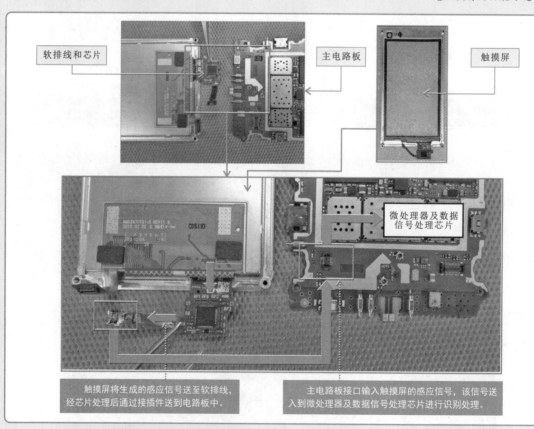

软排线和芯片　主电路板　触摸屏

微处理器及数据信号处理芯片

触摸屏将生成的感应信号送至软排线，经芯片处理后通过接插件送到电路板中。

主电路板接口输入触摸屏的感应信号，该信号送入到微处理器及数据信号处理芯片进行识别处理。

6.2.2 触摸屏的检测代换

触摸屏出现故障，会使智能手机出现触摸控制失常等异常现象。若发现触摸控制出现异常，排除参数设置或电路板的原因后，就需要将智能手机外壳拆开，对触摸屏进行检查。对触摸屏进行检查时，应重点对触摸屏、软排线等部位进行检查。

【触摸屏的检查方法】

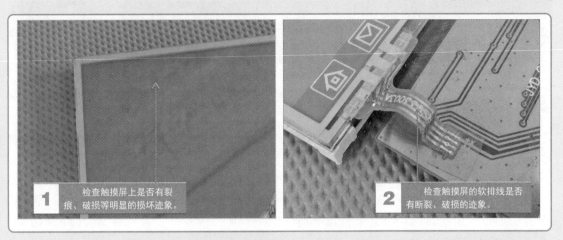

1 检查触摸屏上是否有裂痕、破损等明显的损坏迹象。

2 检查触摸屏的软排线是否有断裂、破损的迹象。

若触摸屏出现损坏后，则需要对触摸屏进行代换。触摸屏与液晶屏紧紧贴附在一起，固定在手机正面，通过软排线与主电路板相连。

【触摸屏的代换方法】

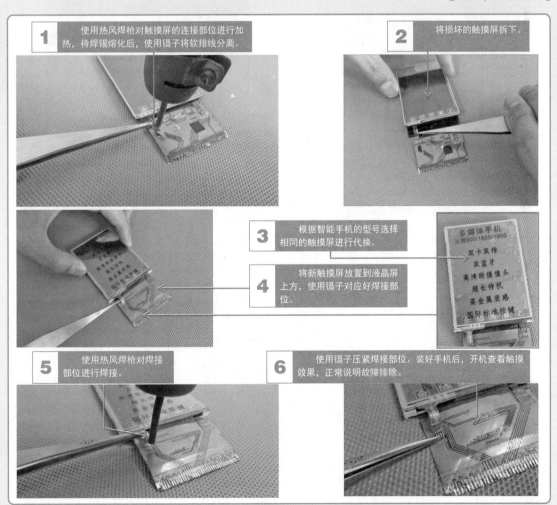

1 使用热风焊枪对触摸屏的连接部位进行加热，待焊锡熔化后，使用镊子将软排线分离。

2 将损坏的触摸屏拆下。

3 根据智能手机的型号选择相同的触摸屏进行代换。

4 将新触摸屏放置到液晶屏上方，使用镊子对应好焊接部位。

5 使用热风焊枪对焊接部位进行焊接。

6 使用镊子压紧焊接部位。装好手机后，开机查看触摸效果，正常说明故障排除。

6.3
键盘的应用与检测代换

6.3.1 键盘的特点与应用

智能手机中除了触屏交互方式外，有些智能手机还附带有键盘，方便用户采用键盘输入方式进行交互。

键盘主要由按键、印制电路板和接插件等构成，按压某一按键，印制电路板上与按键相应的位置便会接通产生电信号，该信号传送到主电路板中，微处理器及数据信号处理芯片进行识别处理后，便会根据指令对智能手机进行控制并在显示屏上进行显示。

【键盘的功能特点】

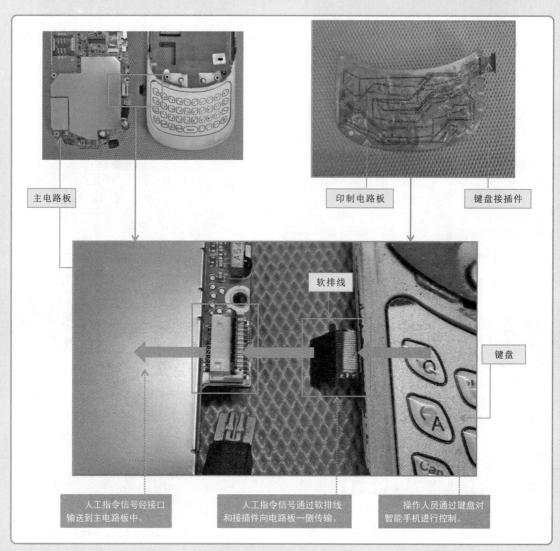

主电路板

印制电路板

键盘接插件

软排线

键盘

人工指令信号经接口输送到主电路板中。

人工指令信号通过软排线和接插件向电路板一侧传输。

操作人员通过键盘对智能手机进行控制。

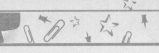

6.3.2 键盘的检测代换

键盘出现故障，会使智能手机出现键盘失灵、输入混乱等现象。若发现键盘出现异常，在排除主电路板的原因后，就需要对键盘进行检查。

检查前，先拆卸下键盘。键盘固定在手机外壳上，内部电路通过软排线与主电路板相连。

【键盘的检修方法】

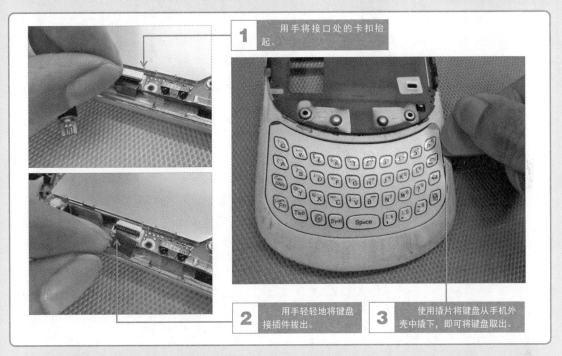

1 用手将接口处的卡扣抬起。

2 用手轻轻地将键盘接插件拔出。

3 使用撬片将键盘从手机外壳中撬下，即可将键盘取出。

若触摸屏出现损坏后，则需要对触摸屏进行代换。触摸屏与液晶屏紧紧贴附在一起，固定在手机正面，通过软排线与主电路板相连。

【键盘的代换方法】

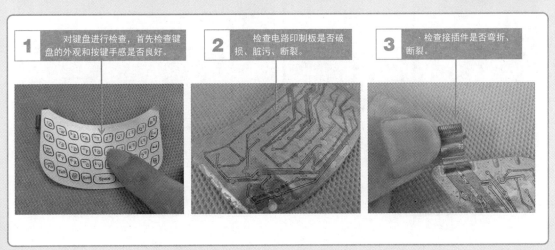

1 对键盘进行检查，首先检查键盘的外观和按键手感是否良好。

2 检查电路印制板是否破损、脏污、断裂。

3 检查接插件是否弯折、断裂。

5 对新键盘进行安装，首先将键盘的接插件从安装孔中引出。

4 若发现键盘损坏，需要根据智能手机的型号（多普达PH20B）选择相同的键盘进行代换。

6 在键盘背部抹上专用黏合剂后，将其粘贴在外壳正面。

7 安装好手机的主电路板。

8 插接好键盘的接插件。

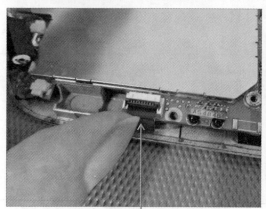

9 按压住卡扣，将手机其他部分装好后，开机查看输入效果，正常说明故障排除。

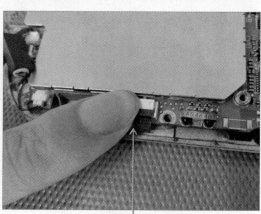

6.4

按键的应用与检测代换

第6章

6.4.1　按键的特点与应用

　　智能手机中的按键主要指开关机/锁屏键等功能键，操作人员通过它们可向手机发出开机、关机、锁屏等指令。通常智能手机的按键安装在侧面或顶部。

　　按键实际上是由微动开关构成的，当按压按键时，其内部触点会接通，微处理器及数据信号处理芯片便会检测到电信号（人工指令信号），经过识别后，微处理器及数据信号处理芯片便会根据指令对智能手机进行控制。

【按键的功能特点】

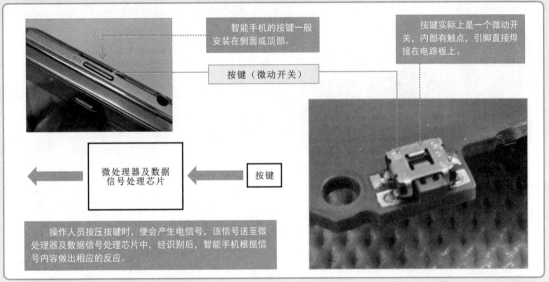

智能手机的按键一般安装在侧面或顶部。

按键实际上是一个微动开关，内部有触点，引脚直接焊接在电路板上。

按键（微动开关）

微处理器及数据信号处理芯片

按键

　　操作人员按压按键时，便会产生电信号，该信号送至微处理器及数据信号处理芯片中，经识别后，智能手机根据信号内容做出相应的反应。

6.4.2　按键的检测代换

　　按键出现故障，会使智能手机出现按键失灵等现象。若发现按键出现异常，在排除主电路板的原因后，就需要对按键进行检测。若怀疑按键出现故障，可使用万用表通过对微动开关的阻值测量进行判别。

【按键的检测方法】

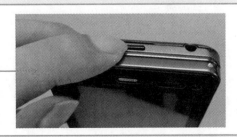

1　对按键进行检查，首先检查按键的按压效果是否良好。

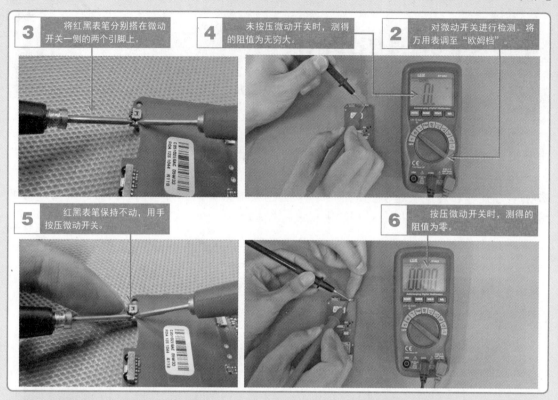

3 将红黑表笔分别搭在微动开关一侧的两个引脚上。

4 未按压微动开关时，测得的阻值为无穷大。

2 对微动开关进行检测。将万用表调至"欧姆档"。

5 红黑表笔保持不动，用手按压微动开关。

6 按压微动开关时，测得的阻值为零。

若发现按键有损坏的迹象，则应根据智能手机的型号或微动开关的大小、类型对损坏部分进行更换。

【按键的代换方法】

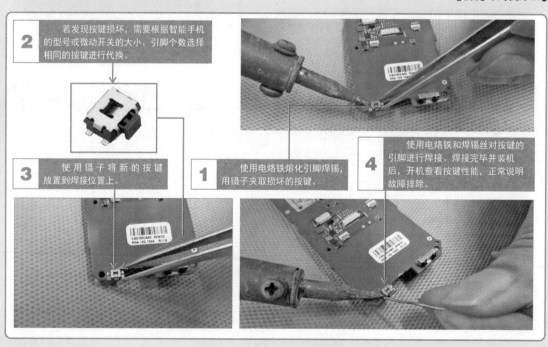

2 若发现按键损坏，需要根据智能手机的型号或微动开关的大小、引脚个数选择相同的按键进行代换。

3 使用镊子将新的按键放置到焊接位置上。

1 使用电烙铁熔化引脚焊锡，用镊子夹取损坏的按键。

4 使用电烙铁和焊锡丝对按键的引脚进行焊接。焊接完毕并装机后，开机查看按键性能，正常说明故障排除。

6.5 听筒的应用与检测代换

6.5.1 听筒的特点与应用

听筒是智能手机中重要的发声部件，主要用来在通话过程中发出声音，使操作人员可以听到对方的声音。该部件通常安装在智能手机的顶部正面。听筒与电路板相连，由音频信号处理芯片为其提供音频信号。当听筒接收到音频信号后，听筒内部的音圈产生大小方向不同的磁场，而永久磁铁外围也有一个磁场。两个磁场的相互作用使音圈做垂直于音圈中电流方向的运动，进而带动振动膜振动，发出声音。

【听筒的功能特点】

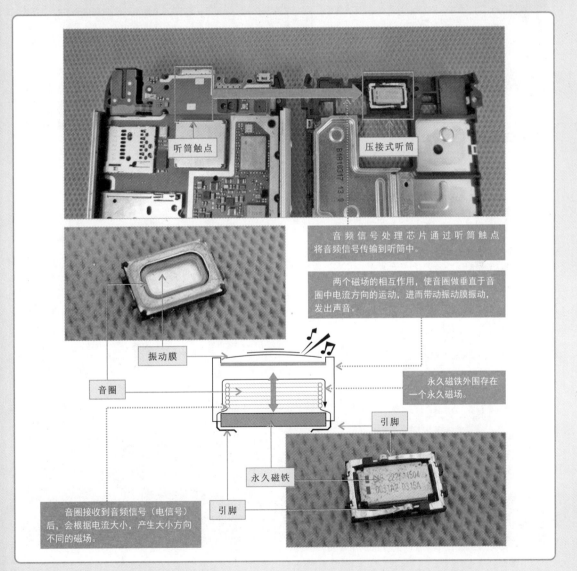

听筒触点

压接式听筒

音频信号处理芯片通过听筒触点将音频信号传输到听筒中。

两个磁场的相互作用，使音圈做垂直于音圈中电流方向的运动，进而带动振动膜振动，发出声音。

振动膜

音圈

永久磁铁外围存在一个永久磁场。

引脚

永久磁铁

引脚

音圈接收到音频信号（电信号）后，会根据电流大小，产生大小方向不同的磁场。

6.5.2　听筒的检测代换

　　听筒出现故障，会使智能手机在通话中出现无声音、声音异常等现象。若发现听筒声音出现异常，在排除主电路板的原因后，就需要对听筒进行检测。怀疑听筒出现故障，就需要使用万用表对听筒的阻值进行检测。

【听筒的检测方法】

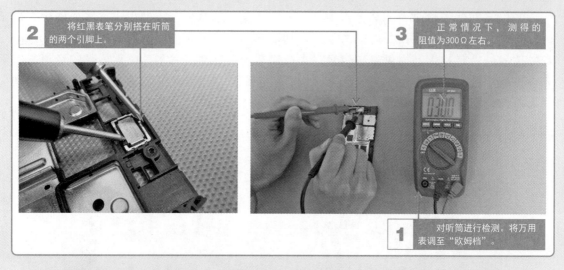

2 将红黑表笔分别搭在听筒的两个引脚上。

3 正常情况下，测得的阻值为300Ω左右。

1 对听筒进行检测。将万用表调至"欧姆档"。

　　若发现听筒有损坏的迹象，应根据智能手机的型号和听筒的类型对损坏部分更换。

【听筒的代换方法】

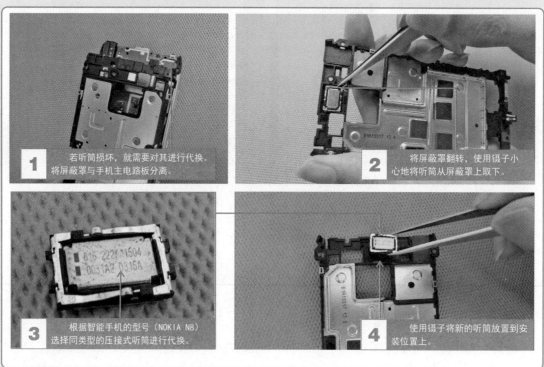

1 若听筒损坏，就需要对其进行代换。将屏蔽罩与手机主电路板分离。

2 将屏蔽罩翻转，使用镊子小心地将听筒从屏蔽罩上取下。

3 根据智能手机的型号（NOKIA N8）选择同类型的压接式听筒进行代换。

4 使用镊子将新的听筒放置到安装位置上。

【听筒的代换方法（续）】

5 使用镊子等工具小心地将听筒压紧。

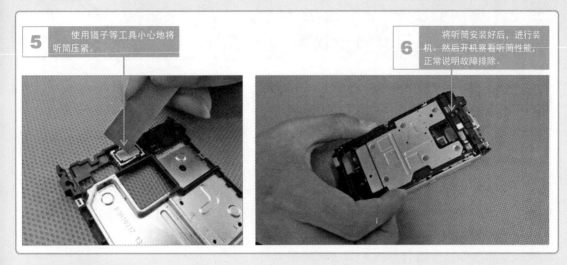

6 将听筒安装好后，进行装机，然后开机察看听筒性能，正常说明故障排除。

特别提醒

除了压接式听筒外，在智能手机中还可见到焊接式听筒和插接式听筒。对焊接式听筒进行代换时，需要用到电烙铁等工具进行拆焊、焊接操作。而插接式听筒更换比较简单，拔下连接插件即可进行代换。

此外，智能手机中的扬声器与听筒的结构原理基本相同，固定与连接方式也类似，因此代换原则与代换方法是相同的。

对插接式扬声器进行代换，只要将损坏的扬声器插件拔下，再将新扬声器进行连接即可。

使用一字螺钉旋具将固定螺钉拧下，即可看到电路板上的插件。

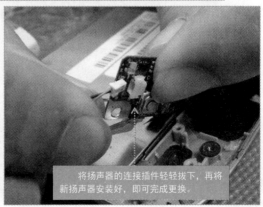

将扬声器的连接插件轻轻拔下，再将新扬声器安装好，即可完成更换。

6.6 话筒的应用与检测代换

第6章

 ### 6.6.1 话筒的特点与应用

话筒是智能手机中重要的声音输入部件，主要用来在通话或语音识别过程中，拾取声音信号并将其转换成电信号传送到电路板中。与听筒相对应的，该部件通常安装在智能手机的底部。

话筒与电路板相连，当声场对话筒发出声音时，话筒中的音膜就会随着声波振动，从而带动音圈在磁场中做切割磁力线的运动。根据电磁感应原理，在音圈的两端就会产生感应声波的电动势，从而完成声音与电信号的转换。由话筒转换成的电信号，再送入音频信号处理芯片中进行放大和数字编码等处理。

【话筒的功能示意图】

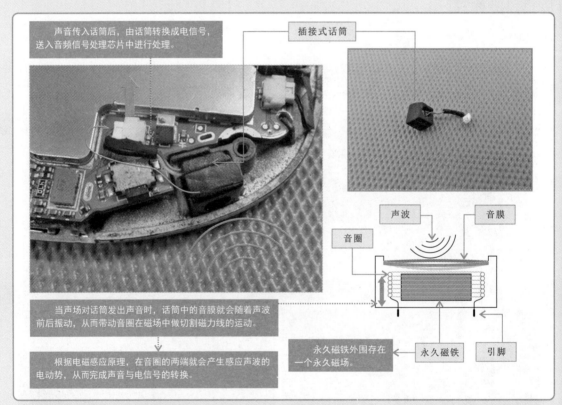

 ### 6.6.2 话筒的检测代换

话筒出现故障，会使智能手机在通话中出现对方听不到声音、声音识别异常等现象。若发现话筒出现异常，在排除主电路板的原因后，就需要对话筒进行检测。话筒通过连接插件与电路板相连，将连接插件拔下后即可进行检测代换。

【话筒的拆卸方法】

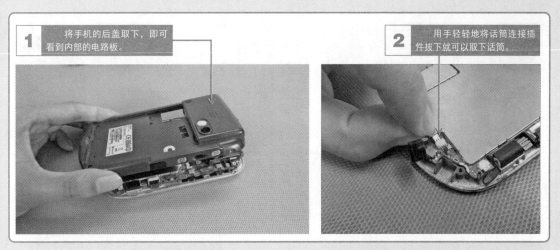

1 将手机的后盖取下，即可看到内部的电路板。

2 用手轻轻地将话筒连接插件拔下就可以取下话筒。

怀疑话筒出现故障，就需要使用万用表对话筒的阻值进行检测。若发现话筒有损坏的迹象，应根据智能手机的型号和话筒的类型对损坏部分进行更换。

【话筒的检测代换方法】

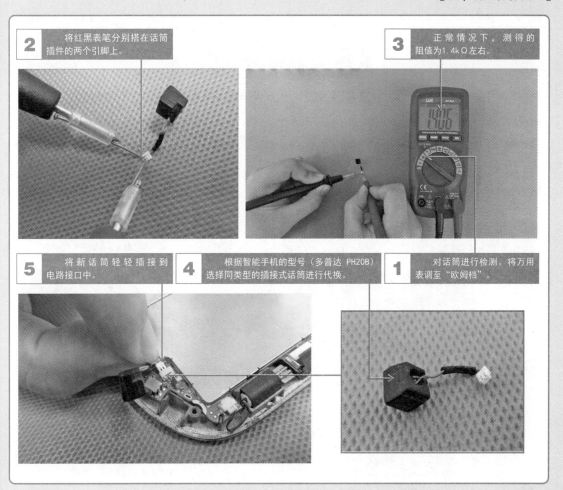

2 将红黑表笔分别搭在话筒插件的两个引脚上。

3 正常情况下，测得的阻值为1.4kΩ左右。

5 将新话筒轻轻插接到电路接口中。

4 根据智能手机的型号（多普达 PH20B）选择同类型的插接式话筒进行代换。

1 对话筒进行检测。将万用表调至"欧姆档"。

【话筒的检测代换方法（续）】

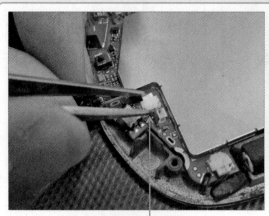

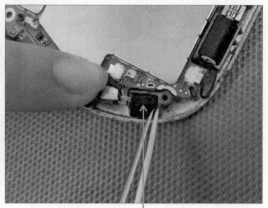

6 使用镊子将插件压紧。

7 将话筒放置到位后装机，然后开机进行通话，通话正常，说明故障排除。

特别提醒

除了插接式话筒外，在智能手机中还可见到贴焊式话筒和压接式话筒。对贴焊式话筒进行代换，需要用到热风焊机、镊子等工具进行拆焊、焊接操作。而压接式听筒更换比较简单，取下损坏的话筒后再将新话筒进行安装即可。

对贴焊式话筒进行代换，需要使用热风焊机对其进行加热，使用镊子便可将其取下。

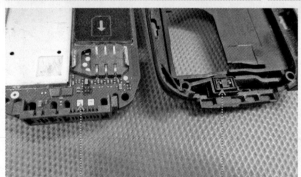

压接式话筒通过引脚、触点与电路板连接。

使用镊子将损坏的话筒取下直接更换即可。

6.7 摄像头的应用与检测代换

第6章

6.7.1 摄像头的特点与应用

目前，几乎所有的智能手机都安装有摄像头，甚至有的机型安装有前后两个摄像头，方便用户使用。摄像头主要是用来拾取图像信息，使手机能够进行拍摄或摄像。通常后置摄像头位于手机背部，与闪光灯等安装在一起；而前置摄像头通常位于显示屏右上方。

摄像头是由镜头、图像传感器等部件构成，当智能手机开启拍摄功能后，摄像头便处于控制电路的控制下，镜头将图像信息等比例缩小后照射到图像传感器上，图像传感器将光信号转换成数字信号传送到摄像信号处理器中，经摄像信号处理器处理后，再显示到显示屏上或存储到存储卡中。

【摄像头的功能示意图】

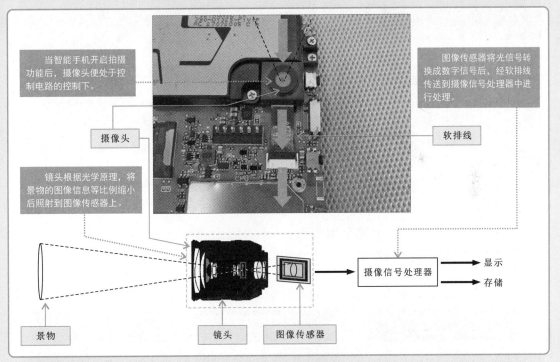

6.7.2 摄像头的检测代换

摄像头出现故障，会使智能手机在拍照或摄像模式下，出现镜头调整失灵、拍摄图像或取景图像显示异常等现象。若发现摄像头出现异常，在排除主电路板的原因后，就需要对摄像头进行检查，检查前应先将摄像头拆卸下来。摄像头一般固定在手机的电路板上，通过软排线与电路板相连。

【摄像头的拆卸方法】

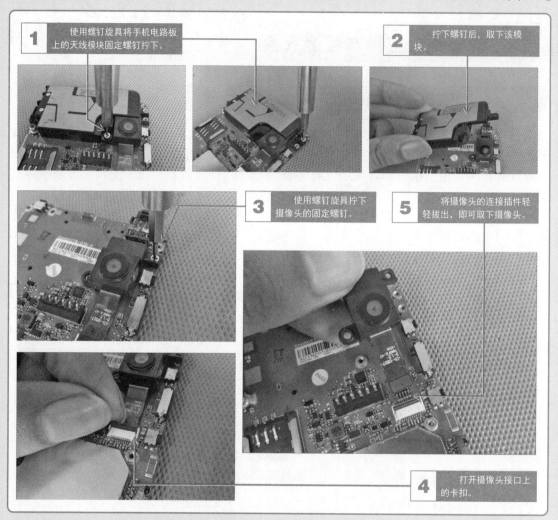

1 使用螺钉旋具将手机电路板上的天线模块固定螺钉拧下。

2 拧下螺钉后，取下该模块。

3 使用螺钉旋具拧下摄像头的固定螺钉。

5 将摄像头的连接插件轻轻拔出，即可取下摄像头。

4 打开摄像头接口上的卡扣。

怀疑摄像头出现故障，就需要对摄像头的镜头、软排线等进行检查。若发现摄像头有损坏的迹象，应根据智能手机的型号或摄像头的型号对损坏部分进行更换。

【摄像头的检查代换方法】

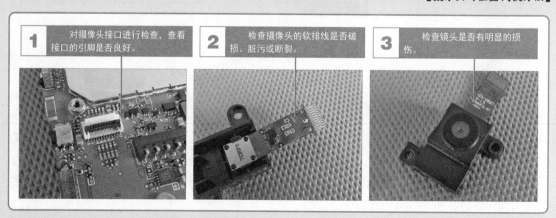

1 对摄像头接口进行检查，查看接口的引脚是否良好。

2 检查摄像头的软排线是否破损、脏污或断裂。

3 检查镜头是否有明显的损伤。

【摄像头的检查代换方法（续）】

5 对新摄像头进行安装，首先将其接插件插接到接口中。

4 若发现摄像头损坏，需要根据智能手机的型号（多普达 PH20B）选择相同的摄像头进行代换。

6 使用工具或手按压卡扣部位。

7 将摄像头的固定螺钉拧紧。

8 将天线模块重新安装到电路板上。

9 固定好螺钉后，将手机其他部分装好后，开机察看拍摄效果，正常说明故障排除。

6.8
耳麦接口的应用与检测代换

6.8.1　耳麦接口的特点与应用

　　智能手机都带有耳麦接口，用来与耳麦进行连接，为耳机传输音频信号。通常耳麦接口位于手机顶部、侧面或底部。

　　耳麦接口直接固定在电路板上，当耳麦插头插入耳麦接口时，智能手机便可检测到耳麦，当通话或播放音乐时，会优先为耳麦接口传送音频信号，使耳机发出声音。

【耳麦接口的功能特点】

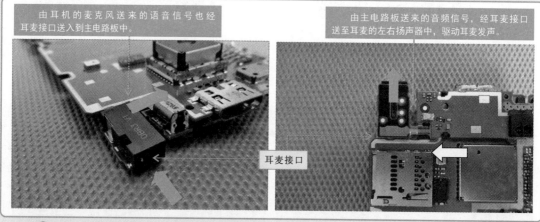

由耳机的麦克风送来的语音信号也经耳麦接口送入到主电路板中。

由主电路板送来的音频信号，经耳麦接口送至耳麦的左右扬声器中，驱动耳麦发声。

耳麦接口

6.8.2　耳麦接口的检测代换

　　耳麦接口出现故障，会使智能手机在插接耳麦后，出现耳麦无法识别、无声音、声音异常等现象。若发现耳麦声音出现异常，在排除主电路板的原因后，就需要对耳麦接口进行检查。检查时可使用万用表对耳麦接口各引脚的阻值进行检测。

【耳麦接口的检测方法】

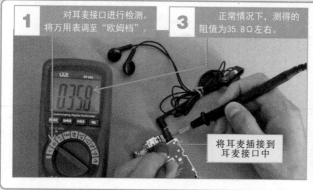

1 对耳麦接口进行检测。将万用表调至"欧姆档"。

3 正常情况下，测得的阻值为35.8Ω左右。

将耳麦插接到耳麦接口中

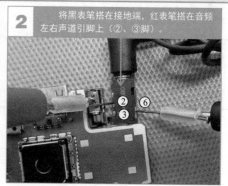

2 将黑表笔搭在接地端，红表笔搭在音频左右声道引脚上（②、③脚）。

②　⑥
③

【耳麦接口的检测方法（续）】

5 正常情况下，测得的阻值为92.7Ω左右。

4 将黑表笔搭在接地端，红表笔搭在麦克风输入端引脚上（①脚）。

7 正常情况下，测得的阻值为零。

6 将红、黑表笔搭在④、⑤脚之间。

9 正常情况下，测得的阻值为无穷大。

将耳麦拔出。

8 将黑表笔搭在接地端，红表笔搭在①、②、③脚上。

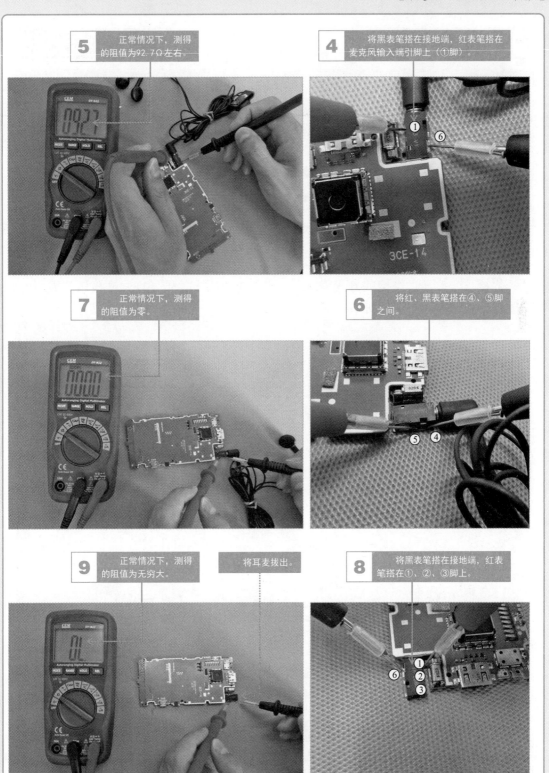

【耳麦接口的检测方法（续）】

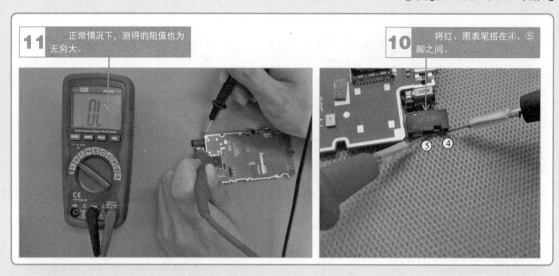

11 正常情况下，测得的阻值也为无穷大。

10 将红、黑表笔搭在④、⑤脚之间。

耳麦接口一般通过焊接的方式固定在手机的电路板上，若发现耳麦接口有损坏的迹象，应根据智能手机的型号对损坏部分进行更换。

【耳麦接口的代换方法】

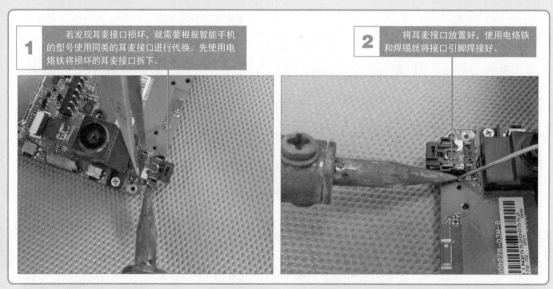

1 若发现耳麦接口损坏，就需要根据智能手机的型号使用同类的耳麦接口进行代换。先使用电烙铁将损坏的耳麦接口拆下。

2 将耳麦接口放置好，使用电烙铁和焊锡丝将接口引脚焊接好。

特别提醒

不同品牌智能手机的耳麦接口安装在不同的位置，无论是在检查还是代换时，可根据当前耳麦接口的安装方式、位置等进行合理、安全操作。

耳麦接口

耳麦接口安装在智能手机的顶部。

不同智能手机中耳麦的位置有所不同。

耳麦接口

6.9 振动器的应用与检测代换

第6章

6.9.1 振动器的特点与应用

几乎所有的智能手机中都安装有振动器，智能手机通过控制该部件发出振动，使操作人员感知到智能手机振动。振动器实际上是一个小型电动机，电动机的转轴上套有一个偏心的振轮，电动机工作带动偏心振轮旋转，在离心力的作用下，半圆形金属使电动机整体发生振动，致使智能手机发出振动。

【振动器的功能示意图】

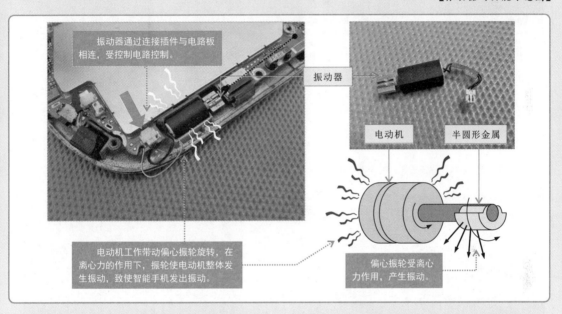

6.9.2 振动器的检测代换

振动器出现故障，会使智能手机的振动功能出现异常现象。若发现振动出现异常，在排除手机设置和主电路板的原因后，就需要对振动器进行检测。检测振动器时，就需要使用万用表对振动器的阻值检测。

【振动器的检测方法】

1 将手机的天线模块拆下，在模块的内部可找到振动器。

【振动器的检测方法（续）】

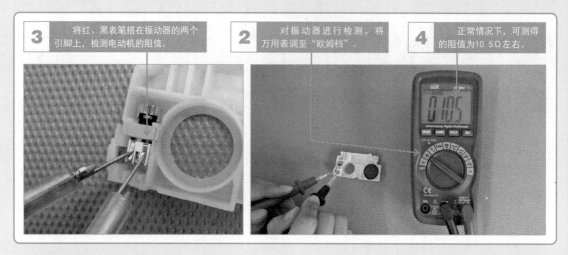

3 将红、黑表笔搭在振动器的两个引脚上，检测电动机的阻值。

2 对振动器进行检测。将万用表调至"欧姆档"。

4 正常情况下，可测得的阻值为10.5Ω左右。

振动器一般压接在手机电路板的触点上，若发现振动器有损坏的迹象，应根据智能手机的型号对损坏部件进行更换。

【振动器的代换方法】

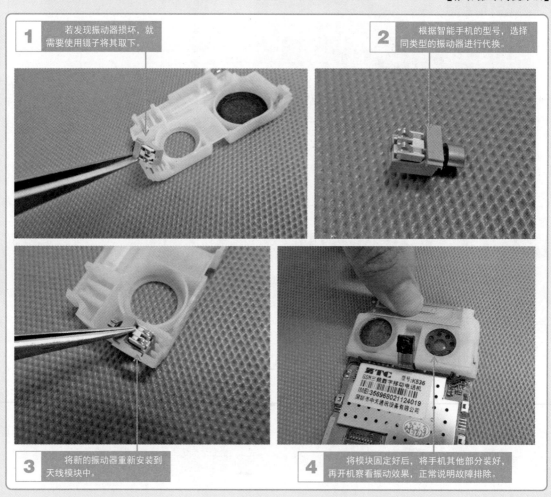

1 若发现振动器损坏，就需要使用镊子将其取下。

2 根据智能手机的型号，选择同类型的振动器进行代换。

3 将新的振动器重新安装到天线模块中。

4 将模块固定好后，将手机其他部分装好，再开机察看振动效果，正常说明故障排除。

6.10
天线的应用与检测代换

第6章

6.10.1　天线的特点与应用

　　智能手机中的天线都以天线模块的形式存在，通过触点压接的方式固定在手机电路板上，天线模块主要用来接收和发送射频信号，保证手机可正常通话，收发短信。

　　天线模块通过压接的方式与主电路板相连，当智能手机接听电话或接收短信时，天线模块将接收到的射频信号传送到射频电路中；当智能手机拨打电话或发送短信时，天线模块便会向外发出射频信号。

【天线的功能示意图】

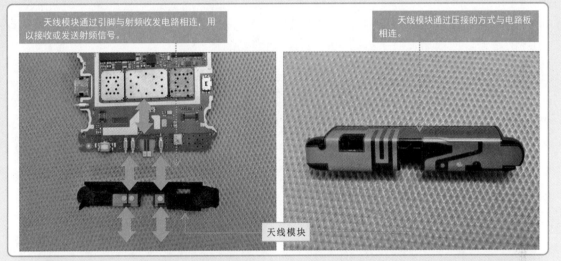

天线模块通过引脚与射频收发电路相连，用以接收或发送射频信号。

天线模块通过压接的方式与电路板相连。

天线模块

6.10.2　天线的检测代换

　　天线出现故障，会使智能手机无法接入通信网络、手机通信功能出现异常现象。若发现手机的通信功能出现异常，在排除手机设置和主电路板的原因后，就需要对天线模块进行检测。天线模块一般以压接的方式固定在手机电路板的触点上，只要将天线模块的卡扣掰开便可取下天线模块。

【天线模块的拆卸方法】

找到智能手机的天线模块，安装于手机底部外壳中。

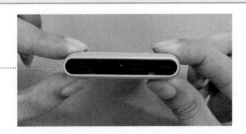

【天线模块的拆卸方法（续）】

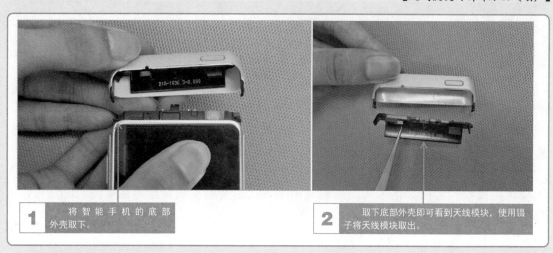

1 将智能手机的底部外壳取下。

2 取下底部外壳即可看到天线模块，使用镊子将天线模块取出。

怀疑天线出现故障，就需要对天线模块的外观和引脚进行检查。若发现天线模块有损坏的迹象，应根据智能手机的型号对损坏部件进行更换。

【天线模块的检查代换方法】

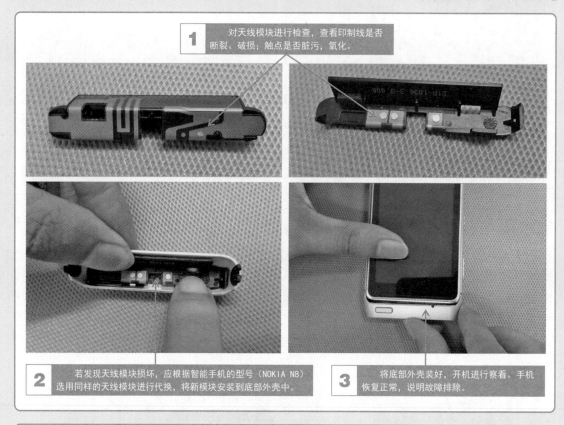

1 对天线模块进行检查，查看印制线是否断裂、破损；触点是否脏污，氧化。

2 若发现天线模块损坏，应根据智能手机的型号（NOKIA N8）选用同样的天线模块进行代换，将新模块安装到底部外壳中。

3 将底部外壳装好，开机进行察看。手机恢复正常，说明故障排除。

特别提醒

　　天线模块为主天线模块（射频天线模块），在一些智能手机中还存在副天线模块，位于手机底部，主要用来接收蓝牙信号、无线网络信号和FM收音信号。该天线模块的拆卸、检查和代换方法与主天线模块相同。

6.11
USB接口的应用与检测代换

第6章

6.11.1 USB接口的特点与应用

USB接口可用来连接电源适配器进行充电，也可通过专用的USB数据线进行数据传输。几乎所有的智能手机都带有USB接口，但由于手机的品牌型号不同，致使USB接口的外形、大小也不同。

USB接口固定在电路板上，通过专用的数据线与电源适配器或计算机相连，当连接电源适配器进行充电时，智能手机会切换到充电模式，这时USB接口起到电压输入接口的作用。

当连接计算机进行数据传输时，智能手机会切换到USB模式，这时USB接口起到数据传输接口的作用。

【USB接口的功能示意图】

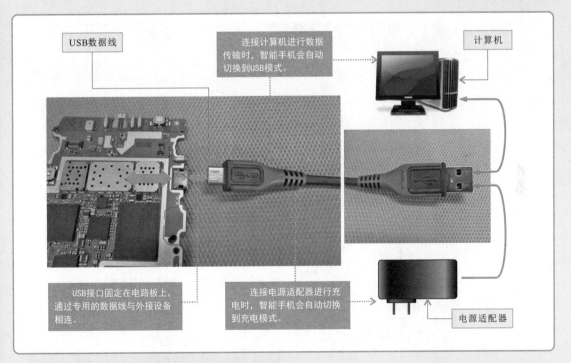

USB数据线

连接计算机进行数据传输时，智能手机会自动切换到USB模式。

计算机

USB接口固定在电路板上，通过专用的数据线与外接设备相连。

连接电源适配器进行充电时，智能手机会自动切换到充电模式。

电源适配器

6.11.2 USB接口的检测代换

USB接口出现故障会使智能手机无法与计算机连接或不能充电。若发现手机的USB接口出现异常，在排除手机设置和主电路板的原因后，就需要对USB接口进行检测。怀疑USB接口出现故障时，则需要使用万用表对USB接口的引脚阻值进行检测。

【USB接口的检查方法】

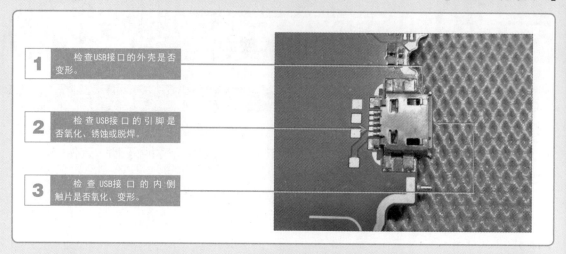

1 检查USB接口的外壳是否变形。

2 检查USB接口的引脚是否氧化、锈蚀或脱焊。

3 检查USB接口的内侧触片是否氧化、变形。

　　不同外形大小的USB接口都以焊接的方式固定在手机电路板上。若发现USB接口有损坏的迹象，应根据智能手机的型号对损坏部件进行更换。

【USB接口的代换方法】

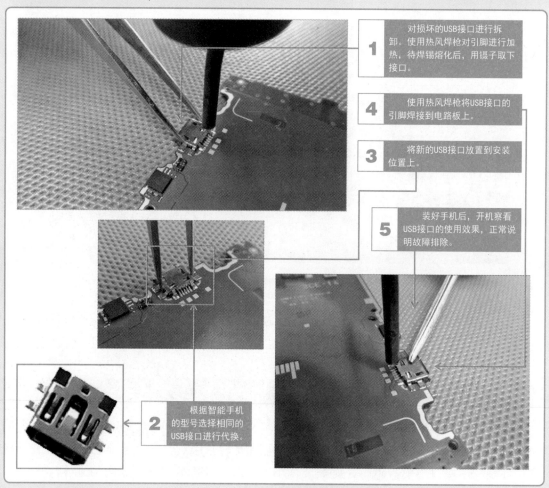

1 对损坏的USB接口进行拆卸。使用热风焊枪对引脚进行加热，待焊锡熔化后，用镊子取下接口。

4 使用热风焊枪将USB接口的引脚焊接到电路板上。

3 将新的USB接口放置到安装位置上。

5 装好手机后，开机察看USB接口的使用效果，正常说明故障排除。

2 根据智能手机的型号选择相同的USB接口进行代换。

第7章 射频电路的结构原理与检修训练

7.1 射频电路的结构原理

7.1.1 射频电路的结构

射频电路是智能手机中用来接收和发射信号的公共电路单元，也是用来实现手机间相互通信的关键电路。

射频电路中各部件在主电路板的位置较集中，且由于所处理的信号频率很高，为了避免外界信号的干扰，通常被封装在屏蔽罩内，例如，在智能手机中可以找到大面积使用屏蔽罩封装的器件，便可在其屏蔽罩内或其附近找到射频电路中的各部件。另外，射频电路需要与天线关联，因此大面积屏蔽罩附近会设有射频天线，根据这些特点即可确定射频电路的安装位置。

【射频电路的结构】

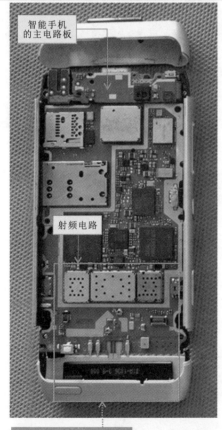

智能手机的主电路板

射频电路

射频电路通常位于智能手机主电路板上。

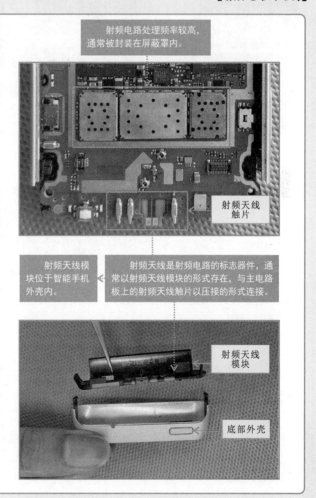

射频电路处理频率较高，通常被封装在屏蔽罩内。

射频天线触片

射频天线模块位于智能手机外壳内。

射频天线是射频电路的标志器件，通常以射频天线模块的形式存在，与主电路板上的射频天线触片以压接的形式连接。

射频天线模块

底部外壳

　　一般来说，射频电路主要是由射频天线模块、射频天线、射频收发电路、射频功率放大器、射频电源管理芯片、射频信号处理芯片、滤波器、时钟晶体振荡器等组成的，下面以智能手机Nokia N8-00的射频电路为例介绍一下其结构组成。

【射频电路的结构组成（Nokia N8-00）】

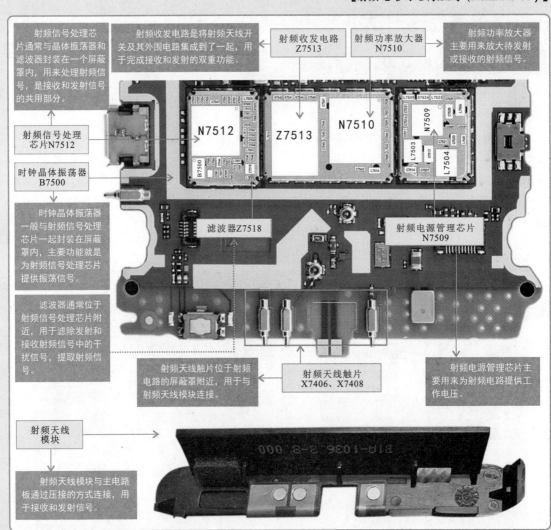

射频信号处理芯片通常与晶体振荡器和滤波器封装在一个屏蔽罩内，用来处理射频信号，是接收和发射信号的共用部分。

射频收发电路是将射频天线开关及其外围电路集成到了一起，用于完成接收和发射的双重功能。

射频收发电路 Z7513

射频功率放大器 N7510

射频功率放大器主要用来放大待发射或接收的射频信号。

射频信号处理芯片N7512

时钟晶体振荡器 B7500

时钟晶体振荡器一般与射频信号处理芯片一起封装在屏蔽罩内，主要功能就是为射频信号处理芯片提供振荡信号。

滤波器通常位于射频信号处理芯片附近，用于滤除发射和接收射频信号中的干扰信号，提取射频信号。

滤波器Z7518

射频电源管理芯片 N7509

射频天线触片位于射频电路的屏蔽罩附近，用于与射频天线模块连接。

射频天线触片 X7406、X7408

射频电源管理芯片主要用来为射频电路提供工作电压。

射频天线模块

射频天线模块与主电路板通过过接的方式连接，用于接收和发射信号。

特别提醒

　　在有的射频电路中，会使用两个射频信号处理芯片，其中一个可作为射频信号的接收处理电路，另一个可作为射频信号的发射处理电路。

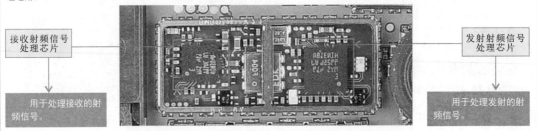

接收射频信号处理芯片

发射射频信号处理芯片

用于处理接收的射频信号。

用于处理发射的射频信号。

7.1.2　射频电路的工作原理

　　射频电路是智能手机中用来接收和发射信号的公共电路单元，也是用来实现手机间相互通信的关键电路。

　　接收信号时，来自基站的信号经射频天线、射频收发电路切换等处理后，作为接收的射频信号（RX）送入射频信号处理芯片，在射频信号处理芯片中进行混频（降频）、放大和解调处理恢复出接收数据信号送往后级电路中。

　　发射信号时，由智能手机中微处理器和数据处理电路产生的发射数据信号在射频信号处理芯片中经变频（升频）和调制处理，变成发射的射频信号（TX），该信号经滤波器和射频功率放大后，再经射频收发电路切换后由射频天线发射出去。

【典型智能手机中射频电路的流程框图】

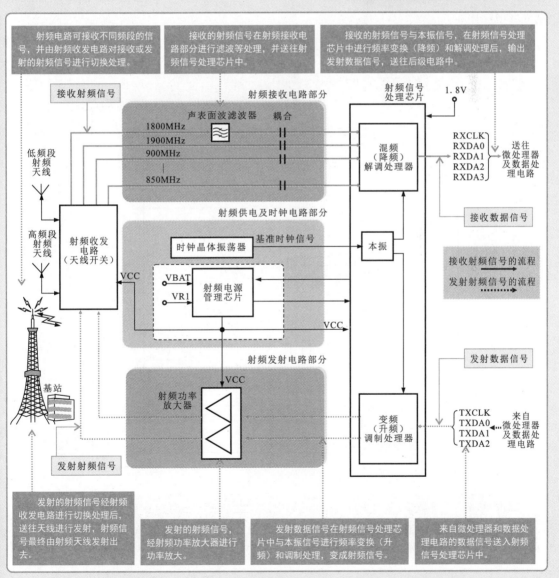

下面我们以实际智能手机中的射频电路为例讲解具体的工作过程。射频接收电路是用来接收射频信号的。智能手机接收信号时，由高低频段射频天线X7406、X7408接收的手机信号送入射频收发电路Z7513中，经内部电路切换后，输出接收的射频信号（RX），即：RX_HB、BAND_Ⅱ_RX、BAND_Ⅰ&Ⅳ_RX、BAND_Ⅴ_RX、BAND_Ⅷ_RX，其信号频率分别为1800MHz、1900MHz、1700/2100MHz、850MHz、900MHz，由此可知该射频电路为全频电路，可适用于接收不同的频率信号。1800MHz的射频信号RX_HB，经1842.5MHz的声表面波滤波器Z7518和耦合电容C7548、C7549耦合后送入射频信号处理芯片Z7512的A13、A14脚；其他四路的射频信号直接经耦合电容器后，送入射频信号处理芯片Z7512的A11、A12、C14、B14、A9、A10、A7、A8脚。接收的射频信号在射频信号处理芯片Z7512中进行频率变换（降频）和解调等处理后，由P10、N9、M9、N10、M10脚输出所接收的数据信号（RXCLK、RXDA0～RXDA3），送往后级微处理器及数据处理电路中。

【射频接收电路的工作原理】

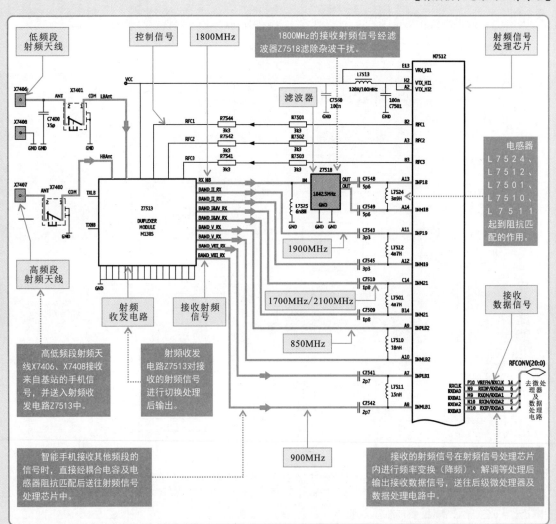

　　射频发射电路是用来发射射频信号的，射频电路外发射信号时，由微处理器及数据处理电路送来的发射数据信号（TXCLK、TXDA0～TXDA2）送入射频Weird信号处理芯片N7512的N6、M5、N5、M6脚，经射频信号处理芯片N7512内部电路进行频率变换（调制）等处理后由L1、K1、M1、N1脚输出发射的射频信号（TXLM、TXLP、TXHP、TXHM），并送入射频功率放大器N7510中。发射的射频信号经射频功率放大器N7510放大后，由⑰脚、㉔脚输出，经射频收发电路Z7513处理后，由射频天线X7406、X7408发射出去。

【射频发射电路的工作原理】

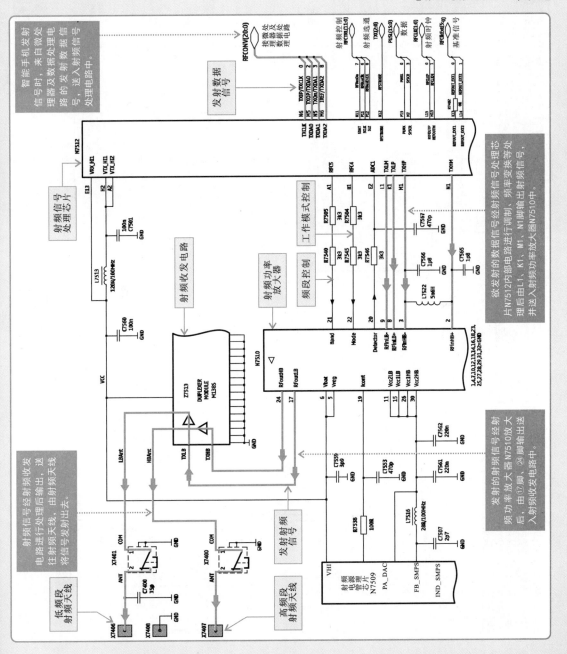

射频供电及时钟电路部分是射频电路正常工作的必要条件，电源管理芯片N7509的H2脚（VHI端）为电源电压输出端，分别为射频收发电路Z7513、射频功率放大器N7510和射频信号处理芯片N7512提供工作电压。时钟晶体振荡器B7500与射频信号处理芯片N7512内部的振荡电路构成本机振荡器，为射频信号处理芯片N7512提供38.4MHz的时钟信号。

【射频供电及时钟电路部分】

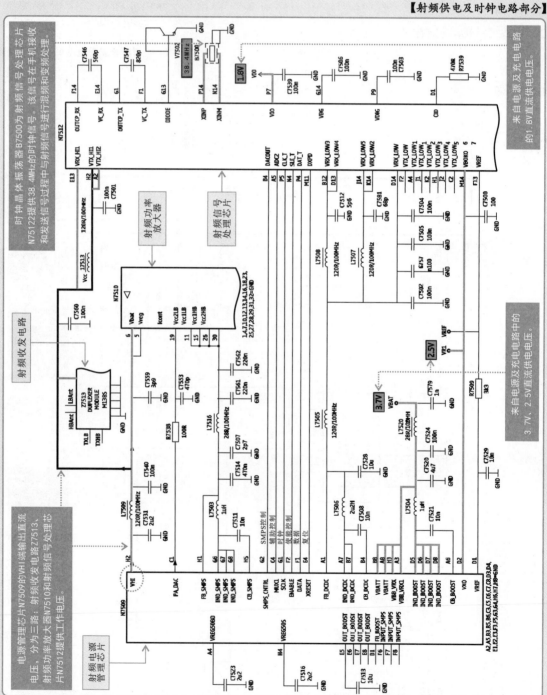

7.2 射频电路的检修方法

第7章

　　射频电路是接收和发射信号的关键电路，若该电路出现故障通常会引起智能手机出现接听或拨打电话异常、无法接听或拨打电话等现象，对该电路检修时，应先根据射频电路的信号流程，对射频电路检修分析，然后依据检修分析对射频电路进行检修，这样可帮助维修人员快速、准确地查找到故障点，排除故障。

【智能手机中射频电路的检修分析】

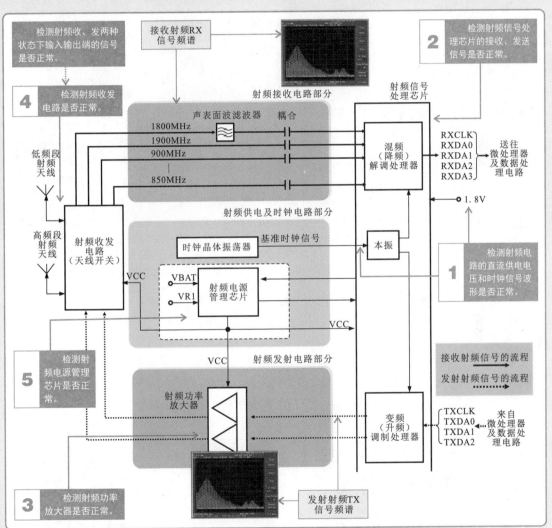

特别提醒

　　在对射频电路进行检修时，还可根据具体的故障表现进行分析和判断，进一步缩小故障范围，如：

　　若接听和拨打电话均出现异常，应检查射频电路的公共通道部分，如供电及时钟条件、射频天线、射频收发电路、射频信号处理芯片等。

　　若只在接听电话时异常，则应重点检查射频接收电路部分相关元器件，如声表面波滤波器、耦合电容器等部分。

　　若只在拨打电话时异常，则应重点检查射频发射电路部分相关元器件，如射频功率放大器等部分。

7.2.1 射频电路工作条件的检测方法

当射频电路出现收、发信号功能失常，怀疑异常时，应首对射频电路中的工作条件进行检测，即检测供电电压和时钟信号。

若经检测直流供电正常，表明射频电路的供电部分均正常，应进一步检测射频电路其他工作条件或信号波形。若无直流供电或直流供电异常，则多为射频电路供电部分存在损坏的元器件或电源电路异常，应重点对射频电路供电部分的相关元器件（如滤波电容器等）进行检测，或对电源电路部分进行故障排查。

【射频电路的直流供电电压的检测方法】

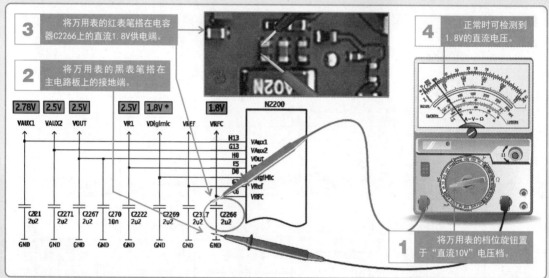

射频电路的工作条件除了需要供电电压外，还需要时钟晶体振荡器提供的时钟信号（本振信号）才可以正常工作，因此怀疑射频电路工作异常时，还应对时钟信号进行检测。

若经检测时钟信号正常，则表明射频电路中的时钟信号条件能够满足，应进一步检测射频电路其他工作条件或信号波形。若时钟信号异常，则应进一步检测时钟晶体振荡器及相关元器件，更换损坏元器件，恢复射频电路的时钟信号。

【射频电路的时钟信号的检测方法】

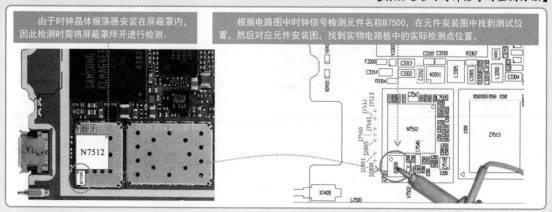

【射频电路的时钟信号的检测方法（续）】

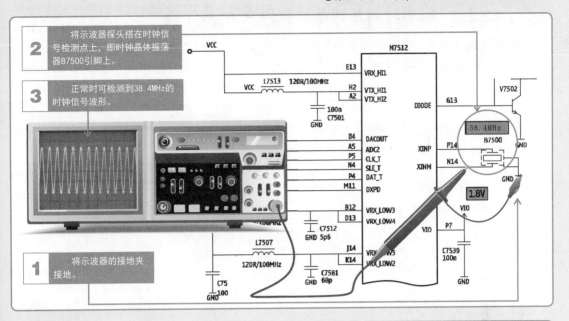

2 将示波器探头搭在时钟信号检测点上，即时钟晶体振荡器B7500引脚上。

3 正常时可检测到38.4MHz的时钟信号波形。

1 将示波器的接地夹接地。

特别提醒

在射频电路中，除基本的时钟晶体振荡器产生的38.4MHz的时钟信号外，射频电路输出的射频时钟信号（RFCLK）也是十分关键的信号。

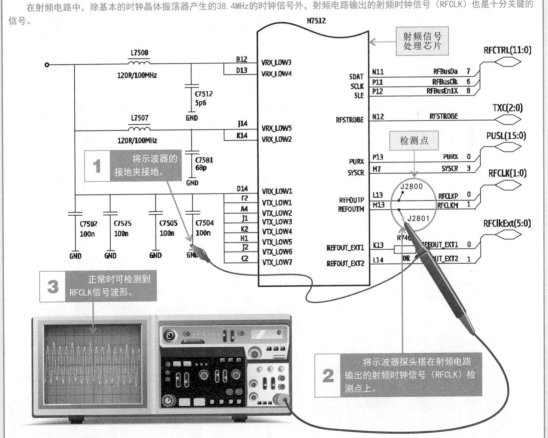

1 将示波器的接地夹接地。

3 正常时可检测到RFCLK信号波形。

2 将示波器探头搭在射频电路输出的射频时钟信号（RFCLK）检测点上。

7.2.2 射频信号处理芯片的检测方法

　　射频信号处理芯片是射频电路中的核心模块，若该芯片损坏将造成射频电路收、发信号异常。检测时，在基本工作条件正常的前提下，可分别在接听电话和拨打电话两种状态下，通过示波器和频谱分析仪检测射频信号处理芯片输入、输出信号是否正常进行判断。

　　在接听电话的状态下，接收到的信号经射频电路处理后，由射频信号处理芯片输出接收数据信号，送往后级电路中。若射频信号处理芯片输出的接收数据信号正常，则说明射频信号处理芯片输出及前级相关的射频接收电路部分均正常；若无接收数据信号输出，则应进一步检测射频信号处理芯片输入端接收的射频信号（RX）是否正常。

　　若射频信号处理芯片输入端接收的射频信号正常，而无输出（供电、时钟等条件均正常的前提下），则多为射频信号处理芯片损坏；若输入端也无信号，则应按照信号流程检测其前级电路。

【接听状态下，接收射频信号和接收数据信号的检测方法】

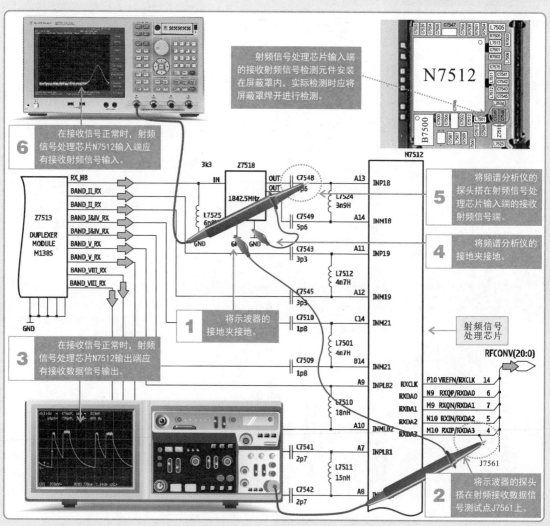

在拨打电话的状态下，由相关电路输出的发射数据信号送入射频信号处理芯片相关引脚上，经射频信号处理芯片处理后输出发射射频信号（TX）。

若射频信号处理芯片输出的发射射频信号（TX）正常，则说明射频信号处理芯片及前级电路均正常；若无发射射频信号（TX）输出，则应进一步检测射频信号处理芯片输入端的发射数据信号是否正常。若射频信号处理芯片输入端的发射数据信号正常，而无输出（供电、时钟等条件均正常的前提下），则多为射频信号处理芯片损坏；若输入端也无信号，则应按照信号流程检测其前级电路。

【拨打状态下，发射射频信号和发射数据信号的检测方法】

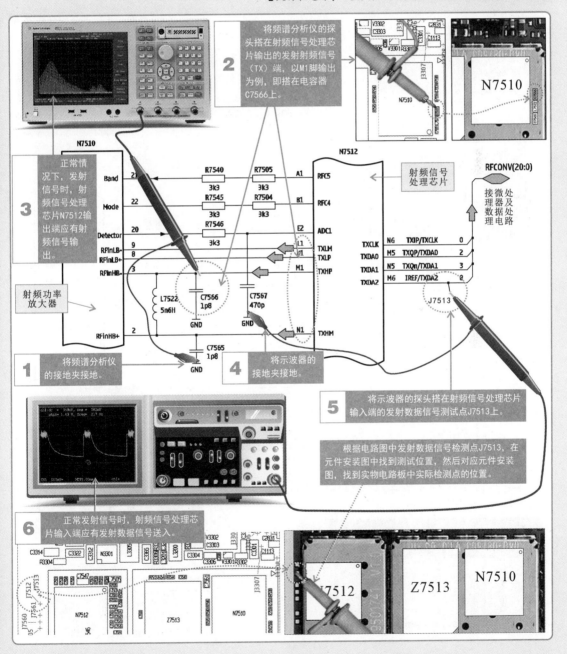

7.2.3 射频功率放大器的检测方法

射频功率放大器损坏通常会引起射频电路的发射信号失常，如无法拨打电话或拨打电话时功能失常等。检测时，可在其基本工作条件正常的前提下，检测其输入和输出端的发射射频信号（TX）。

若射频功率放大器输出端的发射射频信号正常，则说明射频功率放大器及前级电路均正常；若射频功率放大器无信号输出，而输入端的发射射频信号正常，则说明射频功率放大器损坏。

【射频功率放大器的检测方法】

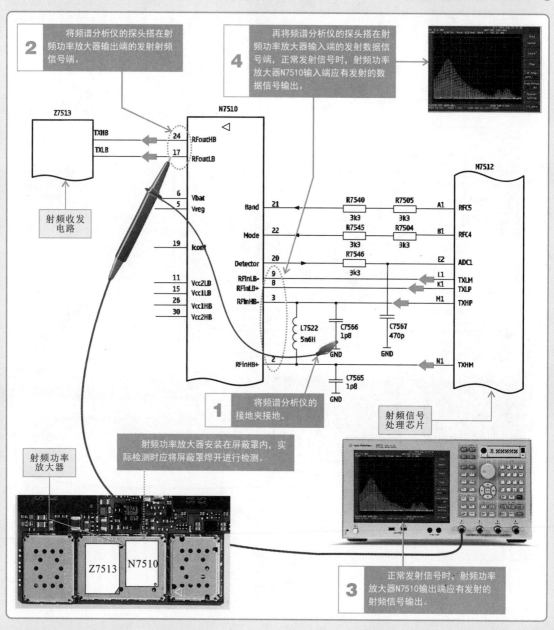

7.2.4　射频收发电路的检测方法

　　射频收发电路是射频电路中的公共通道，该电路损坏通常会引起智能手机（平板电脑）接听和拨打电话功能均失常的故障。检测时，可在其基本工作条件正常的前提下，检测其输入和输出端的信号是否正常。

　　例如，在接听电话状态下，检测输出端的接收射频信号（RX）是否正常。若输出端的接收射频信号正常，则说明射频收发电路正常；若输出端无信号输出，则应进一步检测其输入端的信号波形。若输入正常，而无输出，则多为射频收发电路损坏。

【射频收发电路的检测方法】

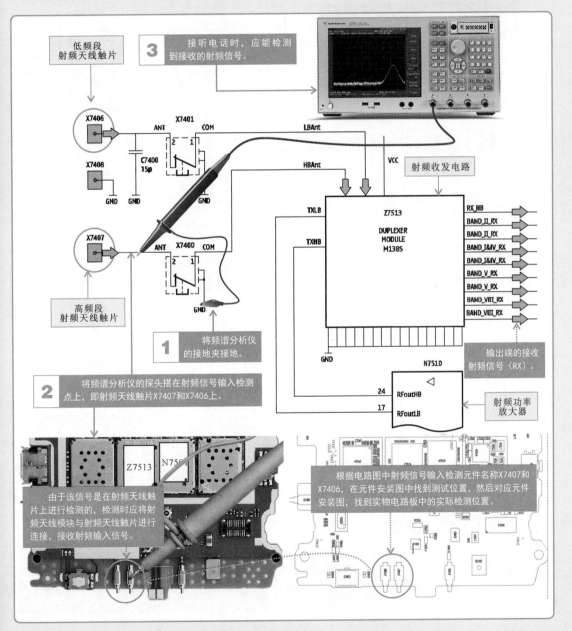

7.2.5 射频电源管理芯片的检测方法

　　射频电源管理芯片也是射频电路中的公共电路部分，该芯片损坏也将导致智能手机接听和拨打电话功能均失常的故障。检测时，可首先检测其本身供电电压是否正常，若供电正常，检测其输出到其他各元器件的电压是否正常。

　　若供电正常，输出电压也正常，则射频电源管理芯片本身正常；若供电正常，无输出电压，则多为射频电源管理芯片损坏。若供电不正常，应检测电源电路部分。

【射频电源管理芯片的检测方法】

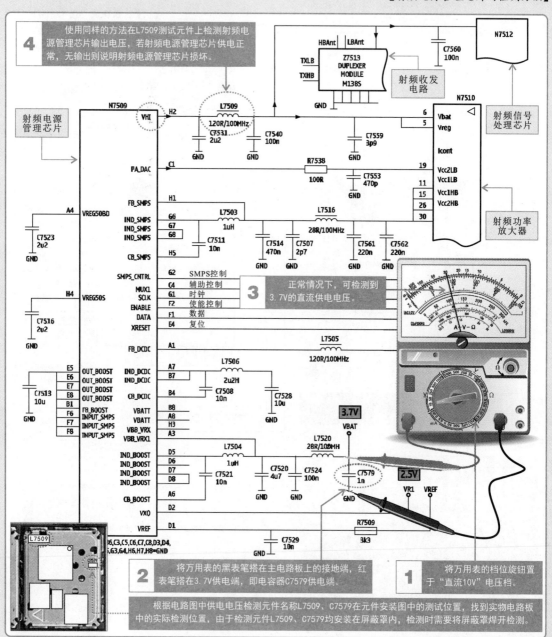

第8章　语音电路的结构原理与检修训练

8.1 语音电路的结构原理

8.1.1 语音电路的结构

　　语音电路是智能手机中用来处理听筒信号、话筒信号、扬声器信号、耳机信号以及收音/录音信号的电路。语音电路与微处理器和数据处理电路有关，数据处理后的信号由语音电路还原成音频信号。话筒信号经语音电路处理后送到数据处理电路中进行处理再进行调制和发射。

　　语音电路主要由音频信号处理芯片、音频功率放大器、耳机信号放大器、听筒、扬声器、耳麦接口、话筒等构成。由于语音电路中一般含有听筒、话筒、扬声器及耳麦接口等特殊部件，这些部件外形特性比较典型，比较容易识别。

【语音电路的结构】

听筒通常位于智能手机上方，根据外壳上留有的小孔位置，在主电路板相应位置可找到听筒，它主要用来将电路中送来的数据信号转换为声音信号。

耳麦接口通常位于智能手机四周，根据外壳上留有的小孔位置很容易找到它，耳麦接口用来与外部耳麦（带有麦克风的耳机）相连，用于输出声音信号和拾取声音信号，同时在接入耳机状态下，作为FM收音电路的接收天线使用。

耳麦接口的位置

话筒通常位于智能手机下方，根据外壳上留有的小孔位置，在主电路板相应位置可找到话筒。

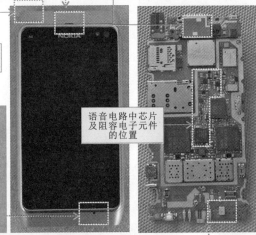

语音电路中芯片及阻容电子元件的位置

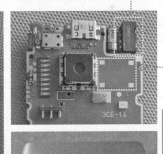

扬声器通常位于智能手机背部，根据外壳上留有的镂空部位，在主电路板背面和后壳上可找到扬声器及其触点。

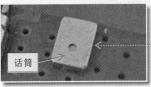

话筒

话筒是一个带有圆孔的矩形器件主要用来拾取声音信号，并转换为电信号。

扬声器通常固定于后机壳上，主要用来将电路中送来的数据信号转换为声音信号，同时具有输出功率大，声音传播范围广的特点。

扬声器

特别提醒

　　不同品牌、不同型号的智能手机、平板电脑中，语音电路的安装位置及结构形式并不完全相同，其中听筒、话筒等主要部件可从其外形特征入手，而电路部分需要从相关电路资料入手，两者相结合便可准确找到语音电路。通常需要找到与机型相对应的电路原理图和元件安装图，在电路原理图中找到电路的主要芯片，根据芯片的电路名称在元件安装图上找到安装位置，即可在实物电路板上圈出电路的大体位置。

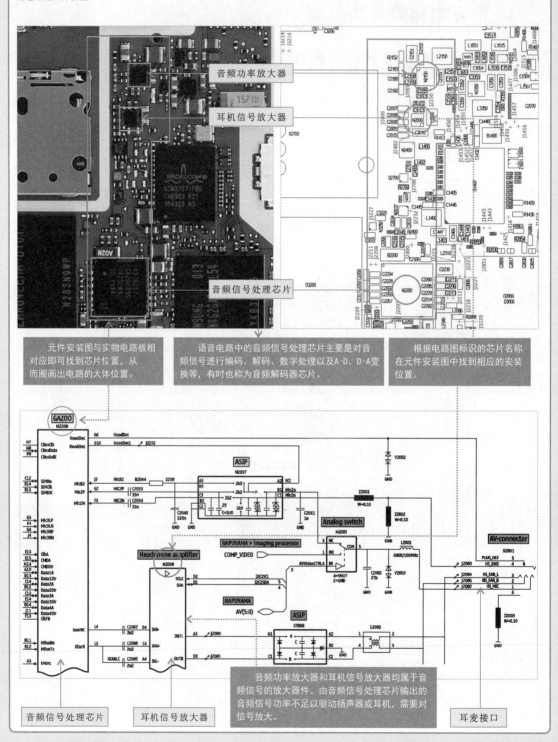

音频功率放大器

耳机信号放大器

音频信号处理芯片

元件安装图与实物电路板相对应即可找到芯片位置，从而圈画出电路的大体位置。

语音电路中的音频信号处理芯片主要是对音频信号进行编码、解码、数字处理以及A-D、D-A变换等，有时也称为音频解码器芯片。

根据电路图标识的芯片名称在元件安装图中找到相应的安装位置。

音频信号处理芯片　　耳机信号放大器

音频功率放大器和耳机信号放大器均属于音频信号的放大器件。由音频信号处理芯片输出的音频信号功率不足以驱动扬声器或耳机，需要对信号放大。

耳麦接口

特别提醒

很多情况下，音频信号处理芯片常与电源管理芯片集成在一起，称为音频信号处理及电源管理芯片。

该芯片上标有型号：GAZ0035G。

该芯片中的音频信号处理部分可对音频信号进行编码、解码、数字处理以及A-D、D-A变换。

音频信号处理及电源管理芯片N2200

该电路还具有开关机控制、电压调节等电源管理方面的功能。

 8.1.2 语音电路的工作原理

语音电路是智能手机中用来处理听筒信号、话筒信号、扬声器信号、耳机信号以及收音/录音信号的电路。它与微处理器和数据处理电路有关，数据处理后的信号由语音电路还原成音频信号。话筒信号经语音电路处理后送到数据处理电路中进行处理再进行调制和发射。

【语音电路的流程框图】

接听电话时，由微处理器及数据信号处理芯片输出的接收基带数据信号送入音频信号处理芯片中。

接收基带数据信号经音频信号处理芯片进行解码、D-A转换、音频放大等处理后输出音频信号。

当用户插入耳机时，音频信号经耳机信号放大器放大处理后，经耳麦接口送往耳机听筒中。

微处理器及数据信号处理芯片

话筒数字信号处理

接收基带数据信号

发射基带数据信号

音频信号处理芯片

声码器（编解码）

D-A转换

音频放大

A-D转换

音频放大

音频信号

音频信号

音频信号

耳机信号放大器

音频功率放大器

VBAT

放大后的音频信号

当用户选择扬声器时，音频信号经音频功率放大器放大处理后，送往扬声器中。

扬声器

VBAT

听筒

耳麦（话筒）接口

话筒信号经数字处理后再送入音频信号处理芯片中，输出发射基带数据信号送回微处理器及数据信号处理芯片中。

话筒信号

音频信号送往听筒中，听筒将音频信号变为声波，用户便可听到声音。

话筒信号

当用户使用耳机麦克风发射语音信号时，声音信号由耳机话筒经接口送入手机。

模拟开关

a 主话筒电路

a 话筒（摄像）

接该机型的音频信号处理与电源管理部分集成在一起。

拨打电话时，声音信号由主话筒送入微处理器及数据信号处理芯片中进行处理。

接收语音信号的流程

发射语音信号的流程

话筒信号经模拟开关送入音频信号处理芯片中进行处理后，输出发射基带数据信号送入微处理器及数据信号处理芯片中。

下面我们以智能手机Nokia N8-00中的语音电路为例讲解具体的工作过程。

(1)听筒电路　接听电话时，由微处理器及数据信号处理芯片D2800送来的基带数据信号经音频信号处理及电源管理芯片N2200处理后，输出的音频信号送入听筒B2111中，听筒将音频信号变为声波，用户便可以听到声音了。

【听筒电路的流程分析】

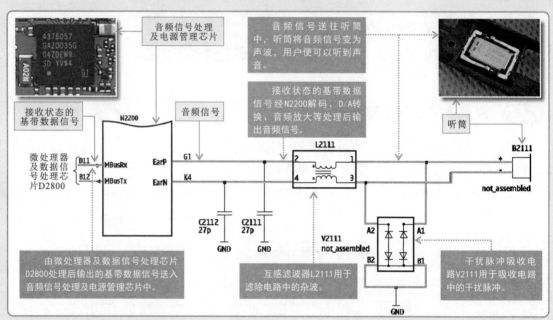

(2)话筒电路　当用户拨打电话时，声音信号首先由主话筒B2100送入微处理器及数据信号处理芯片D2800中进行话筒数字信号处理，经D2800处理后输出的话筒信号再送入音频信号处理及电源管理芯片N2200中进行编码等处理后，输出基带数据信号送回微处理器及数据信号处理芯片D2800中进行相关处理，最后经射频电路调制后由射频天线发射出去。

【话筒电路的流程分析】

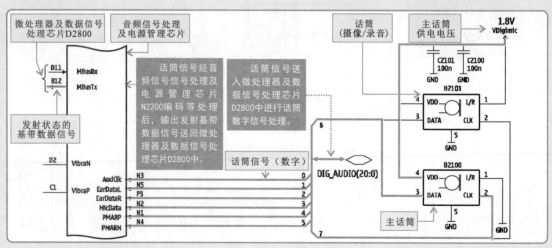

（3）扬声器电路　当用户选择扬声器接听电话时，由微处理器及数据信号处理芯片D2800送来的基带数据信号经音频信号处理及电源管理芯片N2200处理后，输出音频信号送入音频功率放大器N2150进行放大，再经干扰脉冲吸收电路V2150后，送入扬声器中，扬声器将音频信号变为声波，用户便可以通过扬声器听到声音了。

【扬声器电路的流程分析】

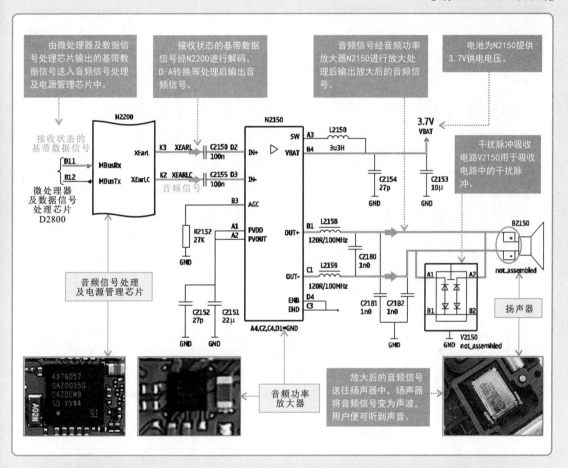

（4）耳麦接口电路　耳麦接口电路具有接收信号和发射信号的两项主要功能。

当用户插上耳机拨打电话时，声音信号由耳机话筒经耳麦接口B2001送入电路中，话筒信号经模拟开关N2001、干扰脉冲吸收电路N2037后，送入音频信号处理及电源管理芯片N2200中，经处理后输出基带数据信号送入微处理器及数据信号处理芯片D2800中进行相关处理，最后经射频调制后由射频天线发射出去。

当用户插上耳机接听电话时，由微处理器及数据信号处理芯片D2800送来的基带数据信号经音频信号处理及电源管理芯片N2200处理后，输出的音频信号送入耳机信号放大器进行放大，再经干扰脉冲吸收电路Z2000后，由耳麦接口B2001送入耳机中，耳机听筒将音频信号变为声波，用户便可以通过耳机听到声音了。

【耳麦接口电路的流程分析】

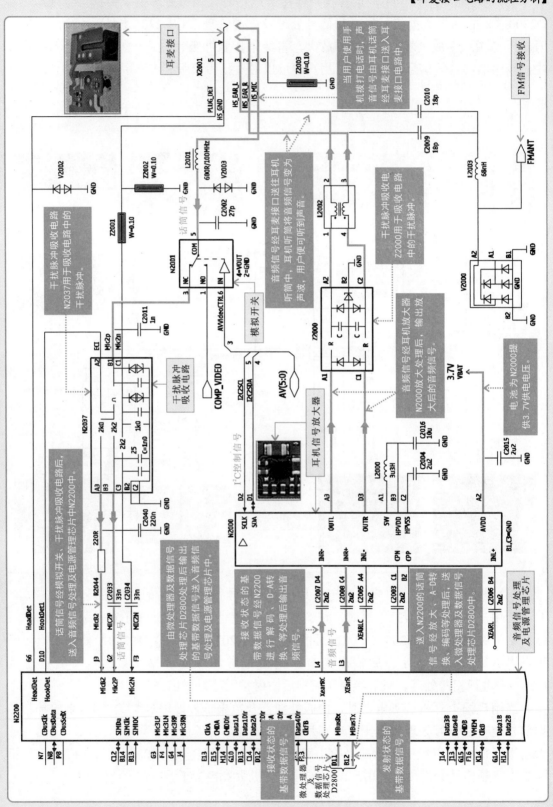

8.2
语音电路的检修方法

第8章

语音电路是智能手机处理音频信号的关键电路，若该电路出现故障经常会引起智能手机听筒无声音、话筒不能接收声音、收音正常但对方听不到电话声音等现象，对该电路进行检修时，可依据故障现象分析产生故障的原因，并根据语音电路的信号流程对可能产生故障的相关部件外围、工作条件逐一进行排查。

【语音电路的检修流程】

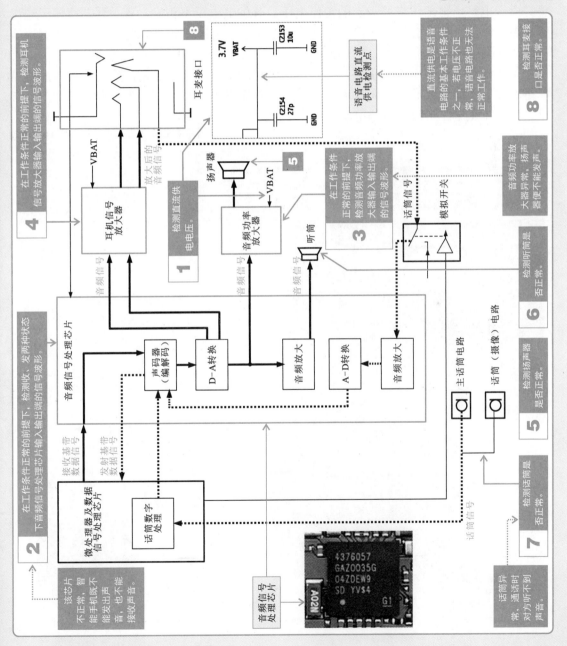

特别提醒

当怀疑智能手机语音电路异常时。

若智能手机在接打电话时，听筒无声音，话筒不能发送声音，则应重点检查音频信号处理电路。可根据具体的故障表现进行分析和判断，进一步缩小故障范围。

若智能手机收音正常，但对方听不到电话声音，则应重点检测话筒电路、耳机接口电路中的相关元器件，如话筒、耳机接口、耳机信号放大器等部分。

若智能手机收音异常，但对方可以听到电话声音，则应重点检测听筒电路、扬声器电路、耳机接口电路中的相关元器件，如听筒、扬声器、耳机接口、音频功率放大器、耳机信号放大器等部分。

 8.2.1　直流供电电压的检测方法

语音电路正常工作需要一定的工作电压，若供电电压不正常，各主要芯片便无法工作。因此，当智能手机出现听筒无声音、话筒不能发送声音等故障时，应首先检测语音电路基本供电电压是否正常。

若经检测直流供电电压正常，表明语音电路的供电部分均正常，应进一步检测语音电路中的主要信号波形。若无直流供电电压或直流供电异常，则多为电源及充电电路部分存在损坏元器件，应重点对电源及充电电路进行故障排查。

【语音电路中直流供电电压的检测方法】

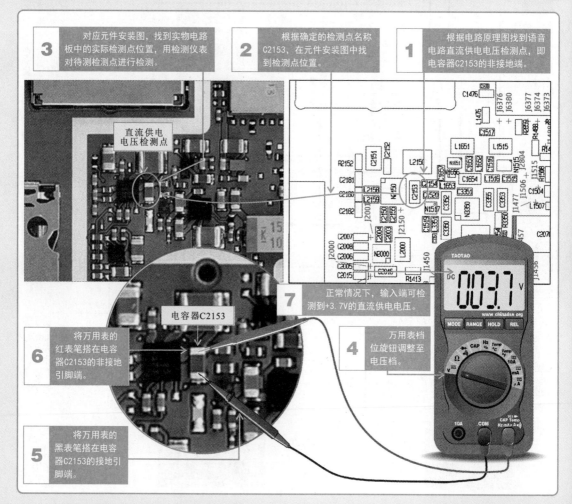

8.2.2 音频信号处理芯片的检测方法

音频信号处理芯片是语音电路中的核心模块，若该芯片损坏将引起收音、发音全都异常的故障。检测时，在基本工作条件正常的前提下，可分别在接听和拨打电话两种状态下，通过示波器检测音频信号处理芯片输入、输出的语音信号是否正常加以判断。

接听电话状态下，由微处理器及数据信号处理芯片输出的基带数据信号送入音频信号处理芯片中，经处理后输出音频信号送往听筒、扬声器、耳机中。

若音频信号处理芯片输出的音频信号正常，则说明音频信号处理芯片正常；若无音频信号输出，则应进一步检测音频信号处理芯片输入的基带数据信号是否正常。

若音频信号处理芯片输入端的基带数据信号正常，而无输出，则多为音频信号处理芯片损坏；若输入端也无信号，则应顺信号流程检测前级电路。

【接听电话状态下，音频信号处理芯片的检测方法】

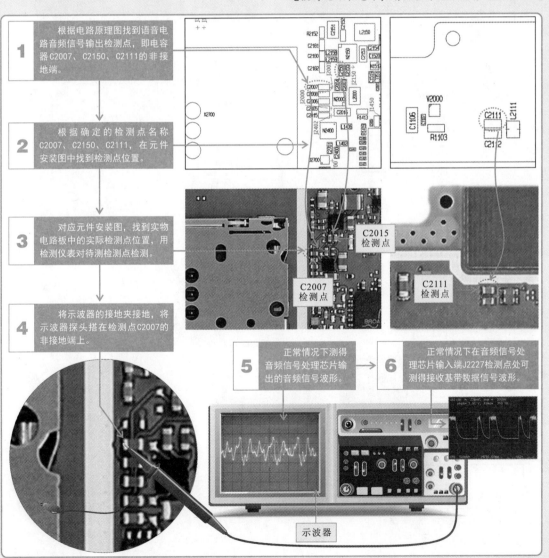

拨打电话状态下，由主话筒或耳机话筒输出的语音信号送入音频信号处理芯片中，经处理后输出基带数据信号送入微处理器及数据信号处理芯片。

若音频信号处理芯片输出的基带数据信号正常，则说明音频信号处理芯片及前级电路均正常；若无基带数据信号输出，则应进一步检测音频信号处理芯片输入端的语音信号是否正常；若音频信号处理芯片输入端的语音信号正常，而无输出，则多为音频信号处理芯片损坏；若输入端也无信号，则应对前级话筒信号输入部件进行检测，如主话筒、耳机话筒等。

【拨打电话状态下，音频信号处理芯片的检测方法】

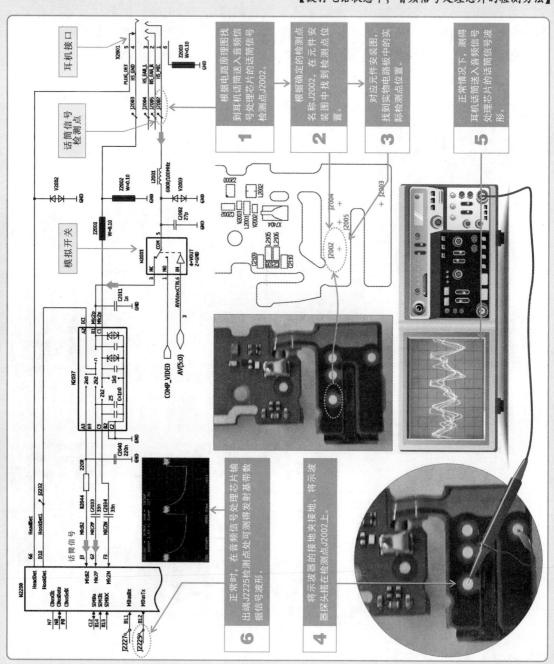

8.2.3　音频功率放大器的检测方法

音频功率放大器损坏通常会导致扬声器发声异常。检测时，可在其基本工作条件正常的前提下，检测其输入和输出端的音频信号。

若音频功率放大器输出端放大后的音频信号正常，则说明音频功率放大器及前级电路均正常；若音频功率放大器无信号输出，而输入端的音频信号正常，则说明音频功率放大器损坏。

【音频功率放大器的检测方法】

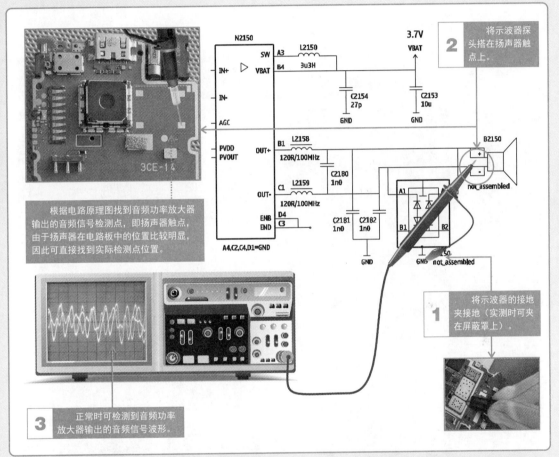

根据电路原理图找到音频功率放大器输出的音频信号检测点，即扬声器触点，由于扬声器在电路板中的位置比较明显，因此可直接找到实际检测点位置。

2 将示波器探头搭在扬声器触点上。

1 将示波器的接地夹接地（实测时可夹在屏蔽罩上）。

3 正常时可检测到音频功率放大器输出的音频信号波形。

8.2.4　耳机信号放大器的检测方法

耳机信号放大器损坏，通常会引起智能手机使用耳机接听电话或音乐时，出现声音异常的现象。检测时，可在其基本工作条件正常的前提下，检测其输入和输出端的音频信号。

若耳机信号放大器输出端放大后的音频信号正常，则说明耳机信号放大器及前级电路均正常；若耳机信号放大器无信号输出，而输入端的音频信号正常，则说明耳机信号放大器损坏。

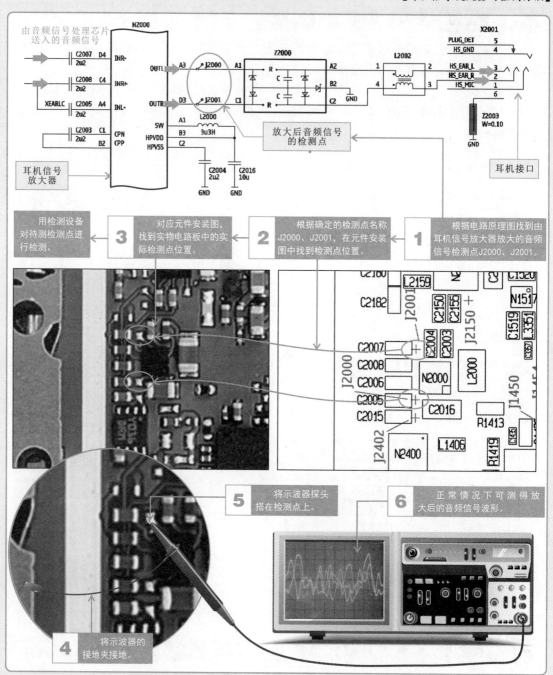

8.2.5　扬声器的检测方法

　　通话或播放音乐时，发现扬声器没有声音发出，在确定音频功率放大器正常的情况下，应对扬声器进行检测，正常情况下使用万用表可检测到一定的阻值，若阻值过小接近于零或为无穷大，说明扬声器已损坏。

【扬声器的检测方法】

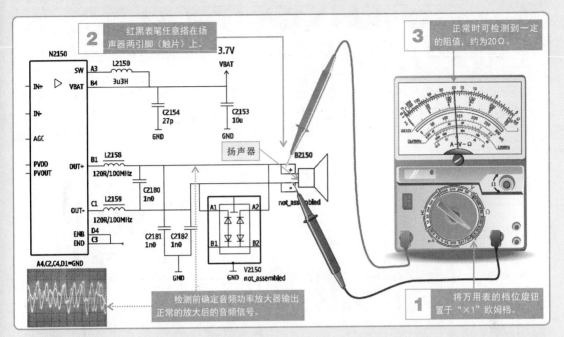

 8.2.6　听筒的检测方法

拨打电话时，发现听筒没有声音发出，在确定音频信号处理电路正常的情况下，应对听筒进行检测，正常情况下使用万用表可检测到一定的阻值，若阻值过小接近于零或为无穷大，说明听筒已损坏。

【听筒的检测方法】

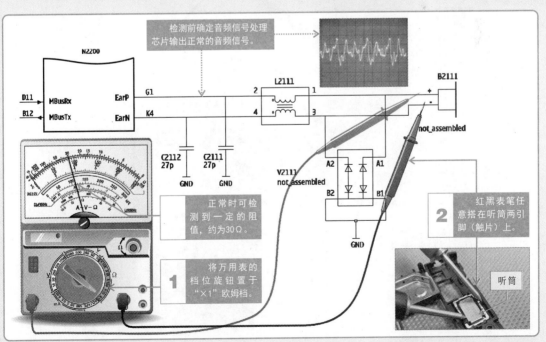

8.2.7 话筒的检测方法

主话筒不良会出现对方听不到声音的故障，这时可使用示波器对主话筒输出的信号波形进行检测，判断其是否损坏。

若话筒输出的信号不正常，说明话筒已损坏；若输出信号正常，说明话筒与音频信号处理电路之间的微处理器及数据处理电路可能存在故障。

【话筒的检测方法】

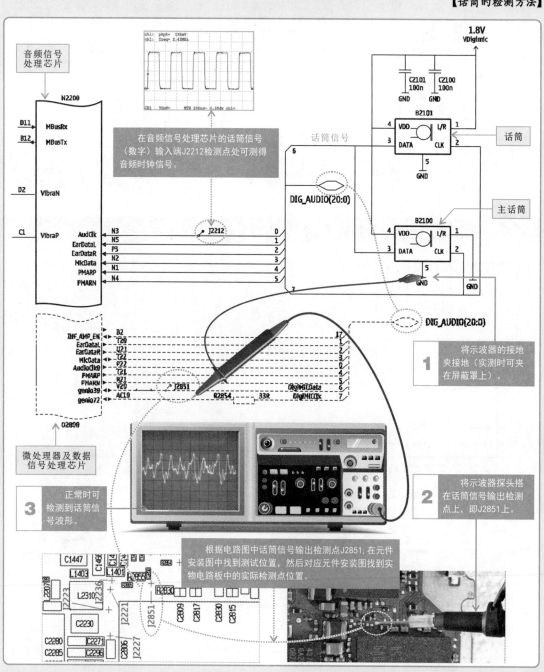

8.2.8 耳麦接口的检测方法

在语音电路中，若出现耳机中无声音、对方也无法听到声音的情况时，应重点对智能手机上的耳麦接口进行检测。使用万用表对耳麦接口各引脚的对地阻值进行检测，若所测结果与正常值偏差较大，说明耳麦接口已损坏；若耳麦接口正常，前级电路送来的音频信号也正常，则说明所插入的耳机可能损坏。

【耳麦接口的检测方法】

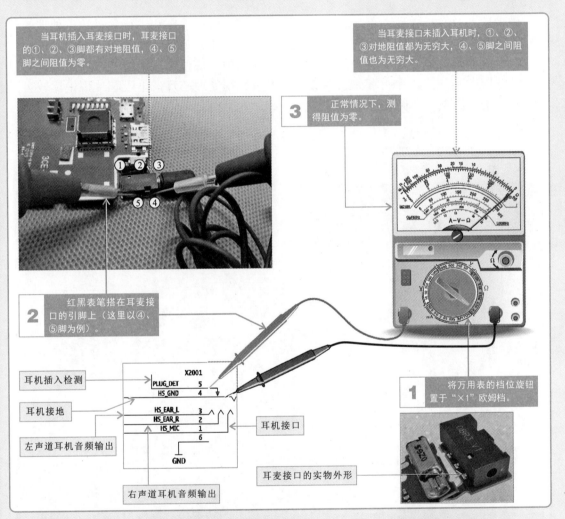

该智能手机中，耳麦接口各引脚的检测参数不同，具体数值可参考下表。

【耳麦接口各引脚的检测参数】

耳麦接口状态	引脚	检测结果	引脚	检测结果
插入耳机	①脚	对地阻值为92.7Ω	④、⑤脚	引脚间阻值为0
	②、③脚	对地阻值为35.8Ω		
未插入耳机	①、②、③脚	对地阻值为无穷大	④、⑤脚	引脚间阻值为无穷大

第9章 微处理器及数据处理电路的结构原理与检修训练

9.1 微处理器及数据处理电路的结构原理

9.1.1 微处理器及数据处理电路的结构

微处理器及数据处理电路是智能手机中用来实现整机控制和进行各种数据处理的电路，该电路主要由微处理器及数据处理芯片和相关的外围元器件构成。

微处理器及数据处理电路通常位于主电路板的中心部位，该电路的核心部分是一只大规模集成电路，该芯片通常称之为微处理器及数据处理芯片，由于芯片规模比较大，很容易识别。另外，在微处理器及数据处理芯片外围设有存储器芯片等特征元器件。

【微处理器及数据处理电路】

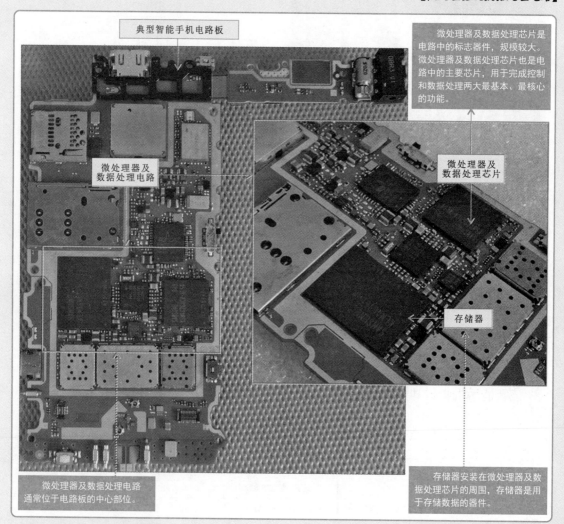

典型智能手机电路板

微处理器及数据处理芯片是电路中的标志器件，规模较大。微处理器及数据处理芯片也是电路中的主要芯片，用于完成控制和数据处理两大最基本、最核心的功能。

微处理器及数据处理电路

微处理器及数据处理芯片

存储器

微处理器及数据处理电路通常位于电路板的中心部位。

存储器安装在微处理器及数据处理芯片的周围，存储器是用于存储数据的器件。

9.1.2 微处理器及数据处理电路的工作原理

微处理器及数据处理电路部分包括控制和数据处理两大部分。

智能手机的微处理器部分是整机的控制核心，该电路正常工作需要同时满足多个条件，即直流供电电压、复位信号、时钟信号。

当微处理器满足工作条件时，则可根据输入端送入的人工指令信号，通过控制总线I^2C控制信号来控制相关的功能电路进入指定的工作状态；通过信号线与存储器之间进行信号的传输和数据调用。智能手机的数据处理部分大多与微处理器集成到一个大规模集成电路中，用于处理各功能电路送来的数据信息，完成数据的处理，是智能手机中关键的电路部分。

【典型智能手机中微处理器及数据处理电路的工作流程】

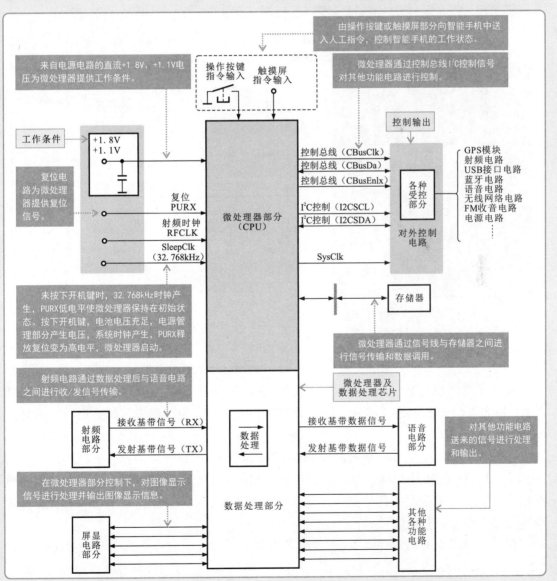

下面我们以实际智能手机中的射频电路为例讲解具体的工作过程。微处理器供电电路为智能手机的微处理器供电电路，主要由微处理器及数据处理芯片D2800相关引脚及两组1.8V和一组1.1 V直流供电电路构成。智能手机开机后，由电源电路送来的两组1.8V直流供电和一组1.1 V直流供电加到微处理器及数据处理芯片D2800的供电引脚，为微处理器及数据处理芯片D2800正常工作提供基本的工作条件。

【典型智能手机微处理器供电电路的流程分析】

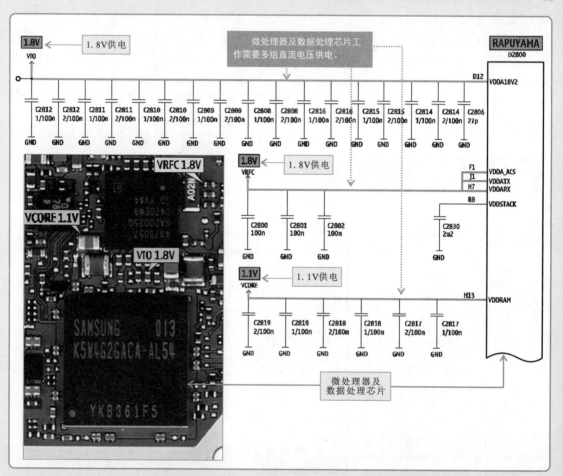

典型智能手机（Nokia N8-00型）的数据处理电路主要由微处理器及数据信号处理芯片D2800内部的数据处理部分及相关引脚等构成，主要用于进行各种数据信息的处理和输出。

微处理器及数据信号处理芯片D2800内部的数据处理部分处理智能手机中大部分数据信号，包括GPS模块数据信号、射频电路数据信号、USB电路数据信号、蓝牙电路数据信号、语音电路数据信号、无线网络电路数据信号、SIM卡电路数据信号及音频处理及电源管理部分的数据信号。

射频电路部分在收/发两种状态下的数据都先送往或来自微处理器及数据处理芯片D2800，经D2800后与后级语音电路之间进行信号传输（收/发基带数据信号）。

【典型智能手机数据处理电路的流程分析】

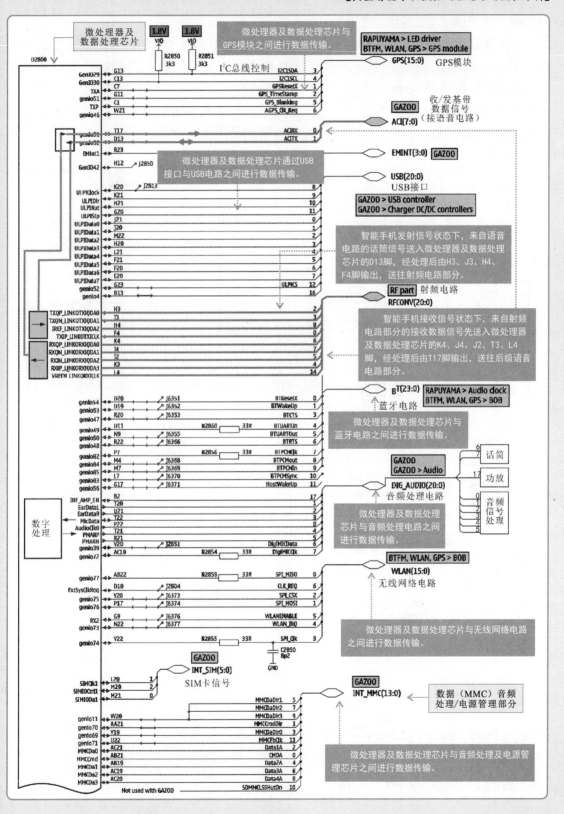

典型智能手机（Nokia N8-00型）的存储电路工作需要VMEM2（3V）和VIO_eMMC（1.8V）两组供电，这两组供电电压由稳压管N3201、N3252提供。

16GB大容量存储器与微处理器及数据处理芯片之间通过6条信号线进行通信，完成数据的存储及调用。微处理器及数据处理芯片中的数据处理部分，将智能手机中的各种状态信息及相关数据进行处理后输出，转换为显示屏的16个数据信号（DISPDataLCD0～DISPDataLCD15）送入图像显示处理器D1400中。最后，再由图像显示处理器D1400将显示数据信号转换为驱动显示屏的驱动信号，使智能手机显示屏显示图像信息。

【存储器及图像显示驱动电路的流程分析】

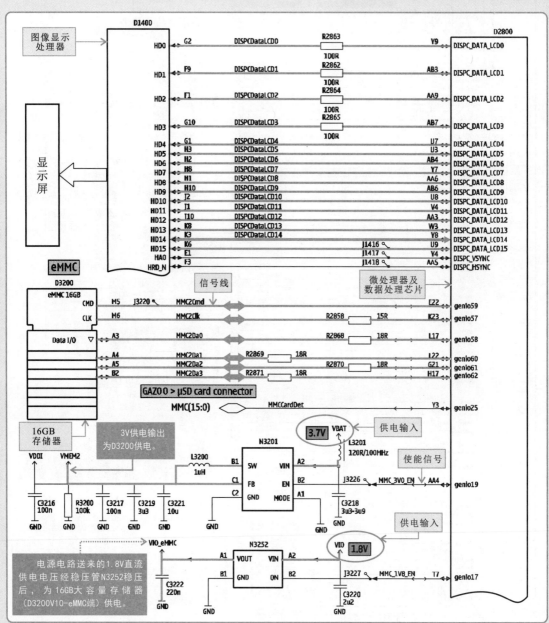

典型智能手机（Nokia N8-00型）的控制电路主要由微处理器及数据信号处理芯片D2800内部的微处理器控制部分及相关引脚等构成，主要用于对智能手机各单元模块及工作状态进行控制。

微处理器及数据信号处理芯片D2800内部的控制电路部分通过控制总线I²C控制信号对其他功能电路及主要元器件进行控制。

另外，由射频电路送来的射频时钟信号和音频时钟芯片N2800产生的38.4MHz的系统时钟信号等都是控制电路部分及整机中关键的时钟信号，保证整机工作的同步性。

【典型智能手机控制电路的流程分析】

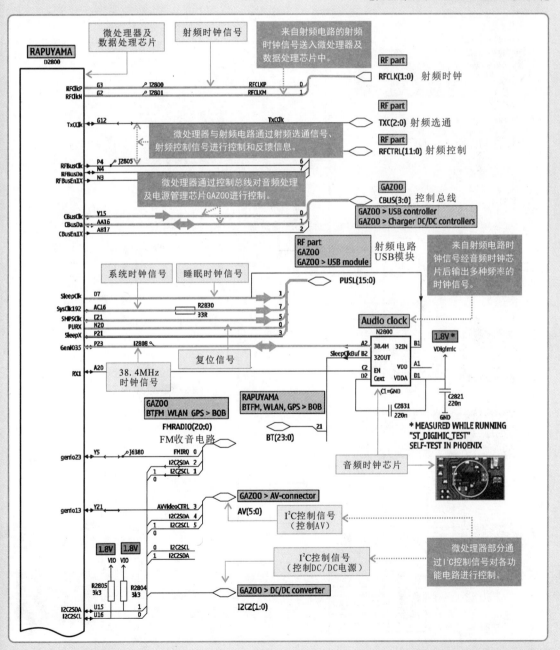

9.2 微处理器及数据处理电路的检修方法

 第9章

微处理器及数据处理电路是智能手机中的核心电路，若该电路出现故障经常会引起智能手机控制功能失常、部分功能电路失常、手机系统紊乱、无法开机、接听或拨打电话失常等现象，对该电路进行检修时，可依据故障现象分析产生故障的原因，并根据微处理器及数据处理电路的信号流程对可能产生故障的相关部件外围、工作条件逐一进行排查。

【智能手机中微处理器及数据处理电路的检修方案】

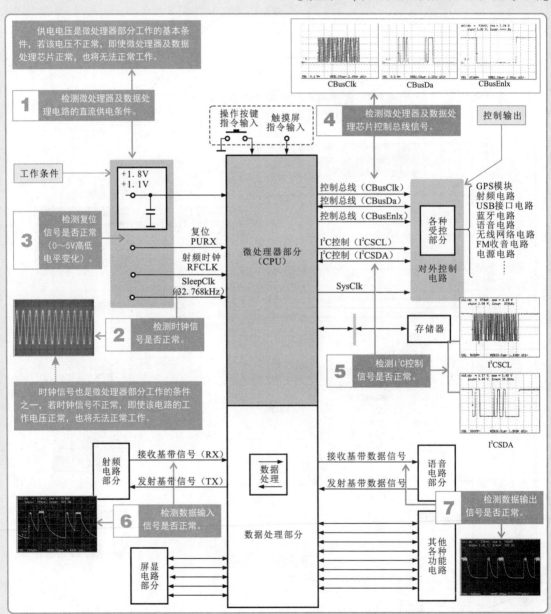

9.2.1 直流供电条件的检测方法

当智能手机出现整机控制功能均失常，怀疑控制电路部分异常时，应首先检测微处理器的基本供电电压是否正常。

若经检测直流供电正常，表明微处理器的供电部分均正常，应进一步检测微处理器其他工作条件或信号波形。若无直流供电或直流供电异常，则多为微处理器供电部分存在损坏元器件，或电源电路异常，应重点对微处理器供电部分的相关元器件（如限流电阻、滤波电容等）进行检测，或对电源电路进行故障排查。

【直流供电条件的检测方法】

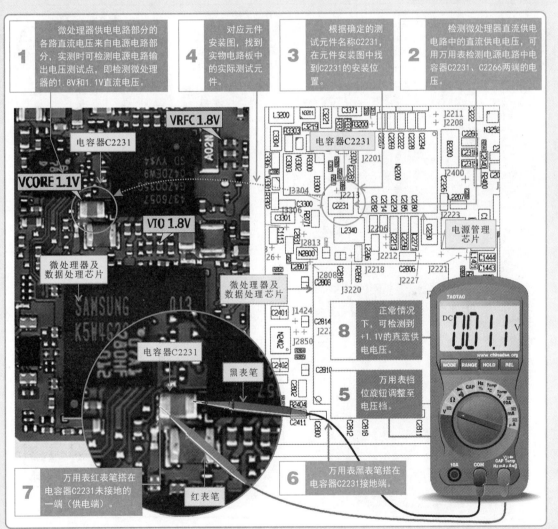

特别提醒

一般，大多微处理器采用多组直流供电方式，用万用表测量任何一只供电引脚均应能测得相应的直流供电电压（可参考图样参数标识，大部分情况下为+1.8V、+1.1V两种电压值）。

实际检测操作过程中，在实物电路板上找准接地点十分重要，特别是测试电压及信号波形时都需要将仪器仪表的一根测试线（黑表笔或接地夹）接地。一般情况下，可将电路板中芯片的屏蔽罩作为接地点，也可根据相关图样资料信息找到电路板上的接地端。

9.2.2 时钟信号的检测方法

微处理器的工作条件除了需要供电电压外，还需要正常的时钟信号才可以正常工作，因此怀疑微处理器工作异常时，还应对时钟信号进行检测。

若经检测时钟信号正常，则表明微处理器的时钟信号条件能够满足，应进一步检测微处理器其他工作条件或信号波形。若时钟信号异常，则应进一步检测微处理器时钟信号产生电路部分及相关元器件，更换损坏元器件，恢复微处理器的时钟信号。

【时钟信号的检测方法】

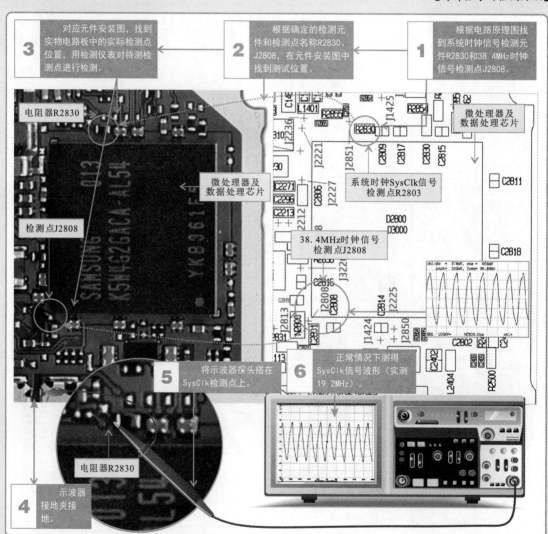

特别提醒

在微处理器及数据处理电路中，除基本的射频时钟信号、睡眠时钟信号外，微处理器及数据处理芯片会输出系统时钟信号（SysClk）送到数据处理电路中，该信号也十分重要。

睡眠时钟信号SleepClk来自电源管理芯片，实测时可检测电源管理芯片外围32.768kHz晶体振荡器B2200处。

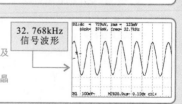

9.2.3　复位信号的检测方法

　　复位信号也是微处理器工作的条件之一，若无复位信号，则微处理器不能正常工作，因此对微处理器进行检测时也应检测复位信号是否正常。

　　正常情况下，用万用表检测微处理器的复位端，在开机瞬间应能检测到由低电平到高电平的跳变。若检测复位信号正常，则说明微处理器的复位条件也能够满足；若无复位信号，应进一步检测复位电路部分。

【复位信号的检测方法】

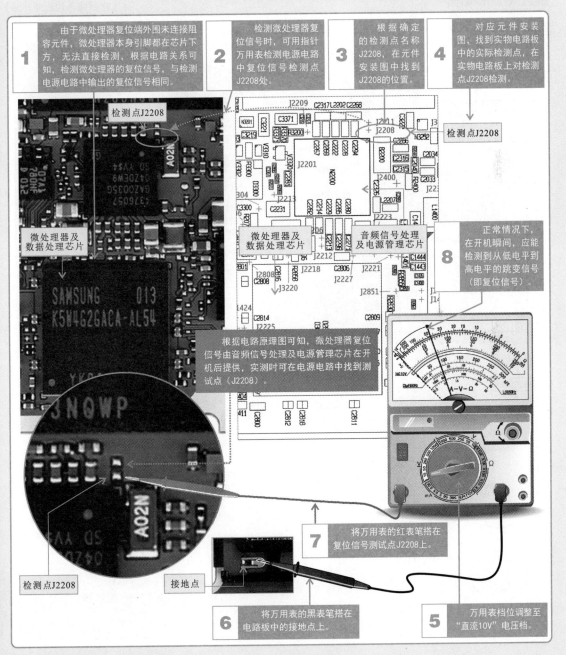

1. 由于微处理器复位端外围未连接阻容元件，微处理器本身引脚都在芯片下方，无法直接检测，根据电路关系可知，检测微处理器的复位信号，与检测电源电路中输出的复位信号相同。

2. 检测微处理器复位信号时，可用指针万用表检测电源电路中复位信号检测点J2208处。

3. 根据确定的检测点名称J2208，在元件安装图中找到J2208的位置。

4. 对应元件安装图，找到实物电路板中的实际检测点，在实物电路板上对检测点J2208检测。

检测点J2208

微处理器及数据处理芯片

微处理器及数据处理芯片

音频信号处理及电源管理芯片

8. 正常情况下，在开机瞬间，应能检测到从低电平到高电平的跳变信号（即复位信号）。

根据电路原理图可知，微处理器复位信号由音频信号处理及电源管理芯片在开机后提供，实测时可在电源电路中找到测试点（J2208）。

7. 将万用表的红表笔搭在复位信号测试点J2208上。

检测点J2208

接地点

6. 将万用表的黑表笔搭在电路板中的接地点上。

5. 万用表档位调整至"直流10V"电压档。

9.2.4 控制总线信号的检测方法

微处理器中一些功能电路通过微处理器中的控制总线进行控制，控制总线包括总线数据信号（CBusDa）、总线时钟信号（CBusClk）和总线使能信号（CBusEnlx），若控制总线信号失常，将引起智能手机中某些功能失常。

正常情况下，用示波器检测微处理器的控制总线端应能检测到相应的信号波形。若控制总线信号正常，说明微处理器工作正常；若无控制总线信号则多为微处理器损坏或未进入工作状态。

【控制总线信号的检测方法】

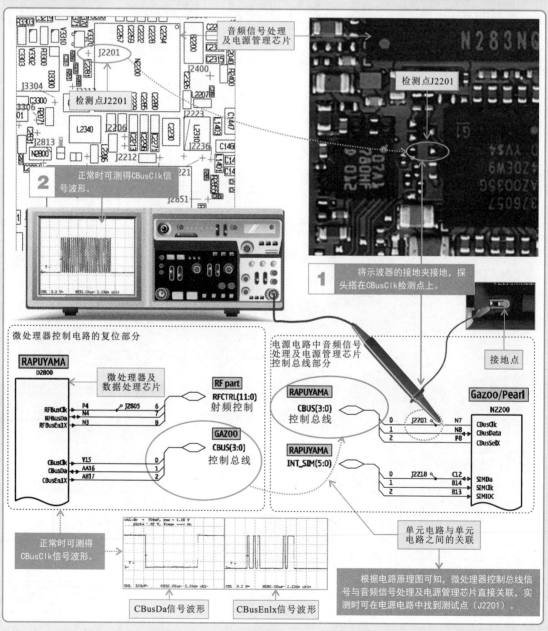

9.2.5 I²C控制信号的检测方法

智能手机中大部分功能电路受微处理器I²C控制信号的控制，I²C控制信号包括时钟信号（SCL）和数据信号（SDA）。若I²C控制信号失常，将引起智能手机中大部分功能失常。

正常情况下，用示波器检测微处理器的I²C控制信号端应能检测到相应的信号波形。若I²C控制信号正常，说明微处理器工作正常；若无I²C控制信号则多为微处理器损坏或未进入工作状态。

【I²C控制信号的检测方法】

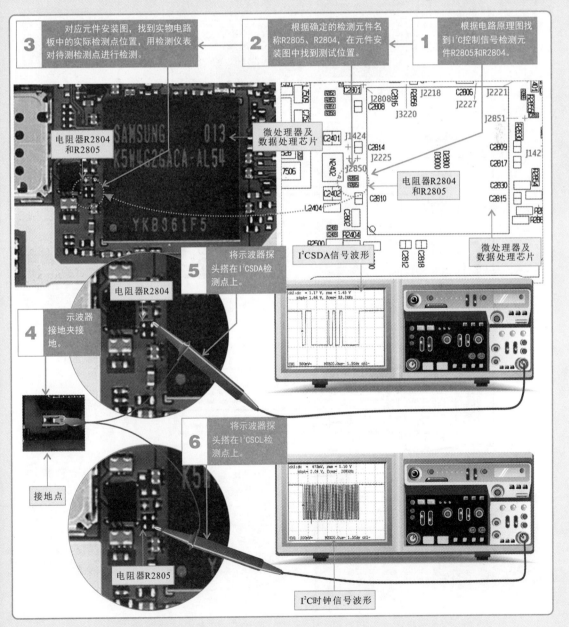

1 根据电路原理图找到I²C控制信号检测元件R2805和R2804。

2 根据确定的检测元件名称R2805、R2804，在元件安装图中找到测试位置。

3 对应元件安装图，找到实物电路板中的实际检测点位置，用检测仪表对待测检测点进行检测。

电阻器R2804和R2805

微处理器及数据处理芯片

电阻器R2804和R2805

微处理器及数据处理芯片

I²CSDA信号波形

4 示波器接地夹接地。

5 将示波器探头搭在I²CSDA检测点上。

电阻器R2804

接地点

6 将示波器探头搭在I²CSCL检测点上。

电阻器R2805

I²C时钟信号波形

9.2.6 输入/输出数据信号的检测方法

微处理器及数据处理电路中，数据处理部分接收和输出各种数据信号送往后级电路中。若无数据信号输出则多为数据处理电路部分异常。

智能手机的数据处理电路部分与多个功能电路关联，输出多种数据信号，下面以射频电路送入数据处理电路部分的收/发数据信号及经数据处理后输出到语音电路的收/发基带数据信号为例进行介绍。

【输入/输出数据信号的检测方法】

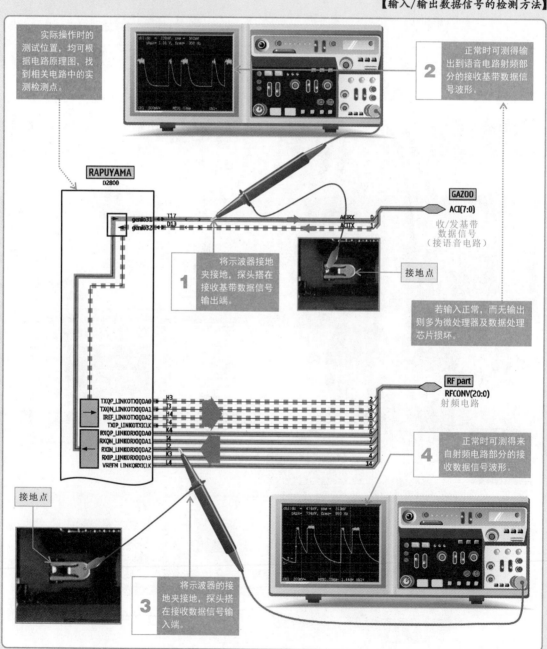

实际操作时的测试位置，均可根据电路原理图，找到相关电路中的实测检测点。

2 正常时可测得输出到语音电路射频部分的接收基带数据信号波形。

1 将示波器接地夹接地，探头搭在接收基带数据信号输出端。

接地点

收/发基带数据信号（接语音电路）

若输入正常，而无输出则多为微处理器及数据处理芯片损坏。

4 正常时可测得来自射频电路部分的接收数据信号波形。

接地点

3 将示波器的接地夹接地，探头搭在接收数据信号输入端。

第10章　电源及充电电路的结构原理与检修训练

10.1 电源及充电电路的结构原理

10.1.1 电源及充电电路的结构

　　电源及充电电路是智能手机的动力核心，用于将电池以及充电器的供电分配给智能手机的各单元电路，从而使智能手机正常工作，该电路主要由开/关机按键、电池、电池接口、电源管理芯片、充电器接口、主充电器控制芯片、USB接口和USB充电控制芯片等构成。

【电源及充电电路的结构】

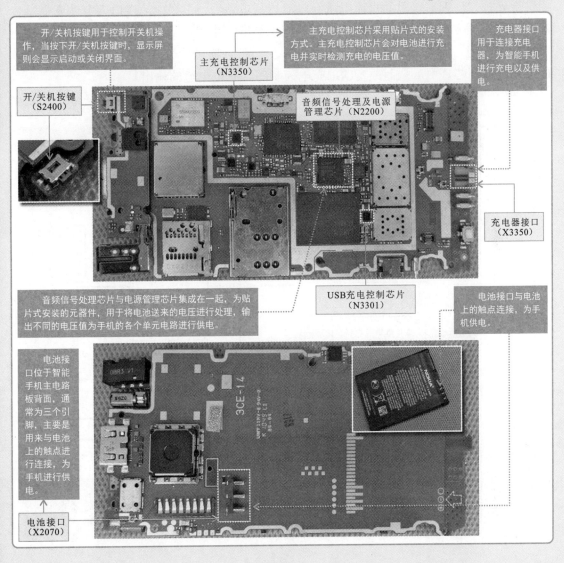

开/关机按键用于控制开关机操作，当按下开/关机按键时，显示屏则会显示启动或关闭界面。

主充电控制芯片采用贴片式的安装方式。主充电控制芯片会对电池进行充电并实时检测充电的电压值。

充电器接口用于连接充电器，为智能手机进行充电以及供电。

主充电控制芯片（N3350）

开/关机按键（S2400）

音频信号处理及电源管理芯片（N2200）

充电器接口（X3350）

USB充电控制芯片（N3301）

电池接口与电池上的触点连接，为手机供电。

音频信号处理芯片与电源管理芯片集成在一起，为贴片式安装的元器件，用于将电池送来的电压进行处理，输出不同的电压值为手机的各个单元电路进行供电。

电池接口位于智能手机主电路板背面，通常为三个引脚，主要是用来与电池上的触点进行连接，为手机进行供电。

电池接口（X2070）

10.1.2 电源及充电电路的工作原理

电源及充电电路是智能手机中非常重要的能源供给电路，该电路具有供电及充电两种功能。

当使用电池为智能手机供电时，按下开/关机按键，开机信号、复位信号以及由电池送来的3.7V电压分别送入电源管理芯片中，电源管理芯片启动，对电池送来的电量进行分配后，输出各路直流电压，为各单元电路供电。

当使用充电器时，市电电压经充电器后输出直流电压，并由充电器接口送入主充电控制芯片中进行处理，处理后输出的直流电压经电流检测电路后，再经电池接口为电池充电。同时由充电器接口送来的另一路直流电压经场效应晶体管产生一个脉冲送入电源管理芯片中，用于检测主充电器。

当使用USB充电器时，外部设备输出的直流电压由USB接口送入USB充电控制芯片中进行处理，处理后输出的直流电压经电流检测电路后，再经电池接口为电池充电。

当同时插入充电器和USB充电器时，充电器的充电电压送入USB充电控制芯片中，关闭USB充电控制芯片，并由USB模块输出主充电器处于充电状态的控制信号送入USB充电控制芯片中，从而改变USB充电控制芯片充电电流的输出。

【典型智能手机中电源及充电电路的工作流程】

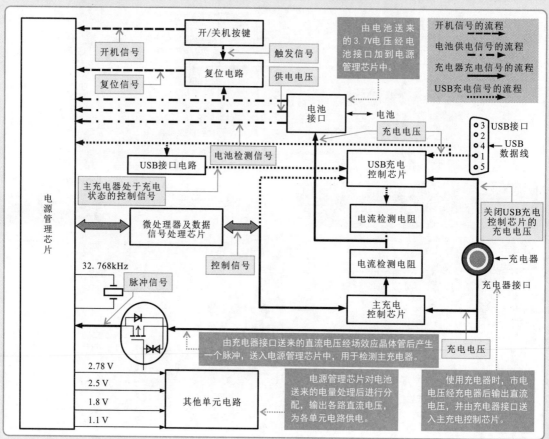

下面我们以实际智能手机中的射频电路为例讲解具体的工作过程。

(1) 复位电路　由电池供电电路送来的3.7 V电压为复位电路提供工作电压，当按下开/关机按键S2400时，开机控制信号送入音频信号处理及电源管理芯片N2200中，同时复位电路N2400将复位信号也送入N2200中，音频信号处理及电源管理芯片外接的32.768MHz晶体振荡器为音频信号处理及电源管理芯片N2200提供时钟信号。音频信号处理及电源管理芯片N2200接收到开机、复位信号后，便会对电池、充电器接口、USB接口送来的电量进行分配。

【典型智能手机复位电路的信号流程分析】

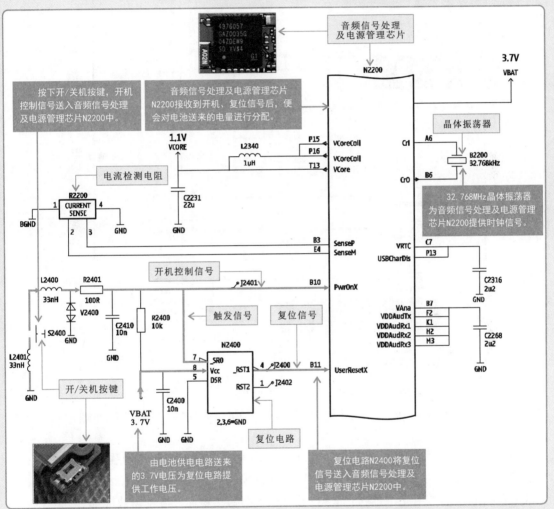

(2) 电池供电电路　Nokia N8-00型智能手机电池供电电路主要由电池接口（X2070）、音频信号处理及电源管理芯片（N2200）相关引脚以及外围元器件等构成。

智能手机连接电池并开机后，由电池送来的3.7 V电压经电池接口X2070，送到音频信号处理及电源管理芯片N2200中，3.7 V电压经N2200处理后进行分配，输出2.78 V、2.5 V、1.8 V、1.1 V直流电压，为各单元电路供电。

【典型智能手机电池供电电路的信号流程分析】

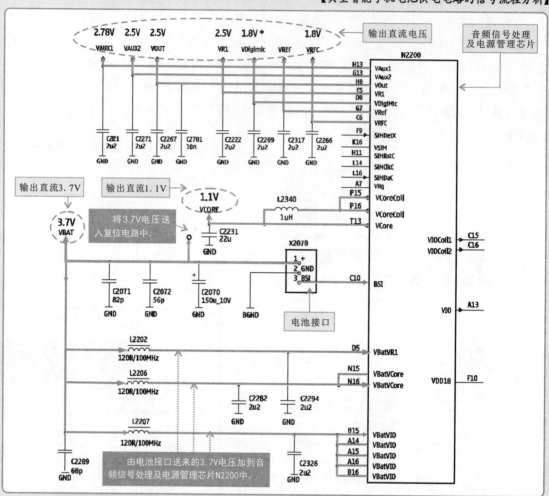

（3）主充电电路　Nokia N8-00型智能手机的主充电电路主要由充电器接口、主充电控制芯片（N3350）、充电电流检测电阻（R3350）、充电指示灯、USB充电控制芯片（N3301）、音频信号处理及电源管理芯片（N2200）的相关引脚以及外围元器件等构成。

使用充电器对智能手机充电时，市电电压经充电器后输出直流电压，并由充电器接口X3350送入充电控制芯片N3350中处理后，输出3.7V供电电压，经电流检测电阻R3350为电池充电；由充电器接口X3350送来的直流电压另一路经场效应晶体管V3370后产生一个电压，送入音频信号处理及电源管理芯片N2200中，用于检测主充电器，经N2200处理后输出控制信号，控制充电指示灯V2410点亮。

同时插入主充电器和USB充电器时，主充电器的充电电压送入USB充电控制芯片N3301中，关闭USB充电控制芯片。同时USB模块输出主充电器处于充电状态的控制信号送入USB充电控制芯片N3301中，从而改变N3301充电电流的输出。对电池充电后，音频信号处理及电源管理芯片N2200便会对电池送来的电量进行分配。

【典型智能手机电池供电电路的信号流程分析(续)】

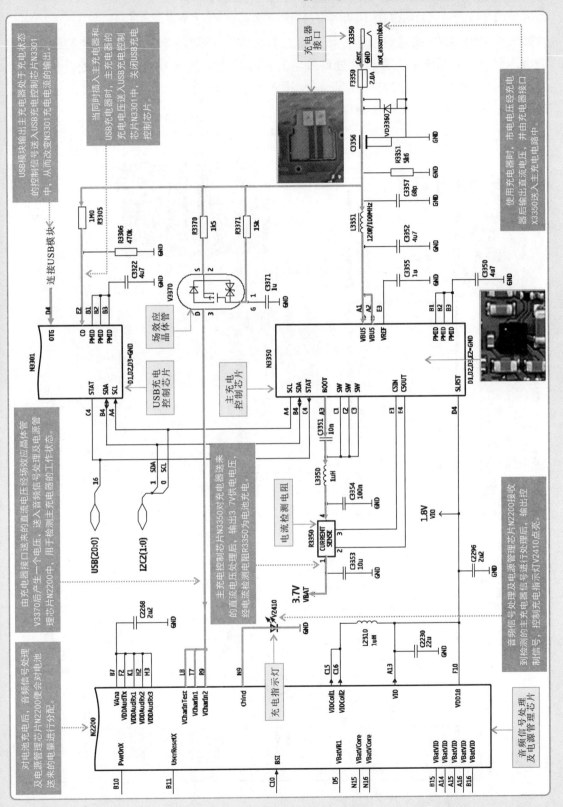

(4)USB充电电路　智能手机使用USB数据线时，外部设备输出的直流电压经USB接口X3300送入USB充电电路中。外部设备送来的+5 V直流电压经USB充电控制芯片处理后输出+3.7 V的直流低压，该电压分为两路，一路经电流检测电阻R3367为电池充电；另一路直接送入音频信号处理及电源管理芯片N2200中，音频信号处理及电源管理芯片N2200接收到USB充电信号，对其处理后，输出控制信号，控制充电指示灯V2410点亮，表明该手机正在充电。

【典型智能手机USB充电电路的信号流程分析】

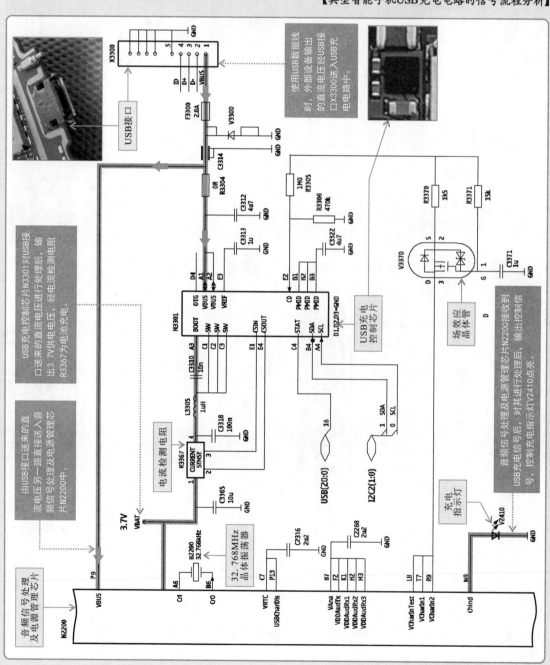

10.2
电源及充电电路的检修方法

第10章

电源及充电电路是智能手机正常工作的关键电路，若该电路出现故障经常会引起智能手机出现不开机、耗电量快、充电不良等现象，对该电路进行检修时，可依据故障现象分析产生故障的原因，并根据电源及充电电路的信号流程对可能产生故障的相关部件逐一进行排查。

【电源及充电电路的检修方法】

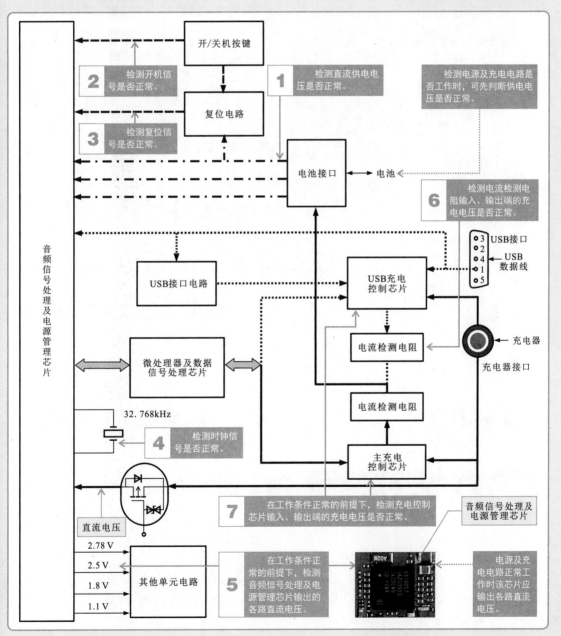

10.2.1　直流供电电压的检测方法

当智能手机出现不开机、不充电，怀疑电源及充电电路异常时，应首先检测电源及充电电路中的基本供电电压是否正常。

若经检测直流供电电压正常，表明电源及充电电路的电池供电部分正常，应进一步检测电源及充电电路的其他工作条件或信号波形。若无直流供电或直流供电异常，则多为电池或电池接口异常引起的，应重点检查电池接口触点是否锈蚀，电池电量是否用尽。

【直流供电电压的检测方法】

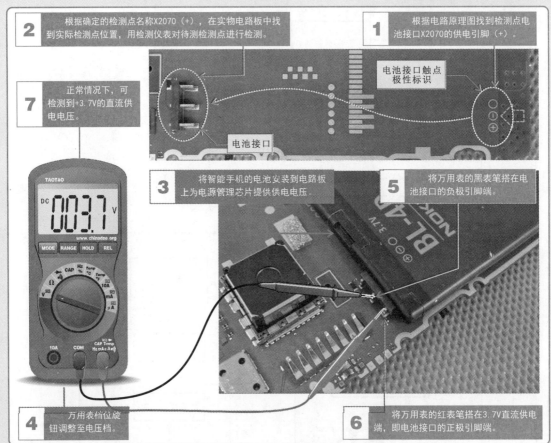

 10.2.2　开机信号的检测方法

在电源及充电电路直流供电电压正常的前提下，需要为电源及充电电路提供一个开机信号，智能手机才能够正常启动。因此，当怀疑电源及充电电路异常时，还应对电源及充电电路中的开机信号进行检测。

若经检测开机信号正常，表明开机控制部分正常，应进一步检测电源及充电电路的其他工作条件或信号波形。若无开机信号，则多为开/关机按键损坏引起的，应重点检查开/关机按键，并对损坏的开/关机按键进行更换，这样才能排除故障。

【开机信号的检测方法】

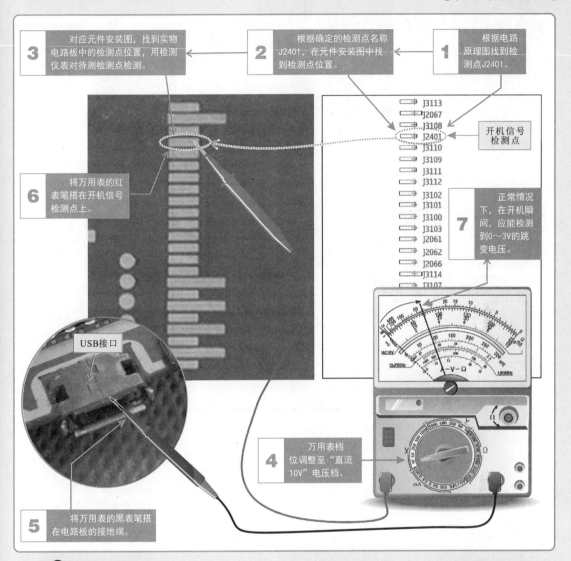

3 对应元件安装图，找到实物电路板中的检测点位置，用检测仪表对待测检测点检测。

2 根据确定的检测点名称J2401，在元件安装图中找到检测点位置。

1 根据电路原理图找到检测点J2401。

J3113
J2067
J3108
J2401 ← 开机信号检测点
J3110
J3109
J3111
J3112
J3102
J3101
J3100
J3103
J2061
J2062
J2066
J3114
J3107

6 将万用表的红表笔搭在开机信号检测点上。

USB接口

5 将万用表的黑表笔搭在电路板的接地端。

4 万用表档位调整至"直流10V"电压档。

7 正常情况下，在开机瞬间，应能检测到0～3V的跳变电压。

10.2.3 复位信号和时钟信号的检测方法

复位信号和时钟信号也是电源及充电电路的工作条件之一，若无该信号，则电源及充电电路中的电源管理芯片不能正常工作，因此对电源及充电电路进行检测时也应检测复位信号和时钟信号是否正常。

若经检测复位信号正常，则表明电源及充电电路的复位条件也能够满足，应进一步检测电源及充电电路的其他工作条件或信号波形。若无复位信号，应进一步检测复位电路部分。

若经检测时钟信号正常，则表明电源及充电电路中的时钟信号条件能够满足，应进一步检测电源及充电电路的其他信号。若时钟信号异常，则应进一步检测时钟晶体振荡器及相关元器件，更换损坏元器件，恢复电源及充电电路的时钟信号。

【复位信号和时钟信号的检测方法】

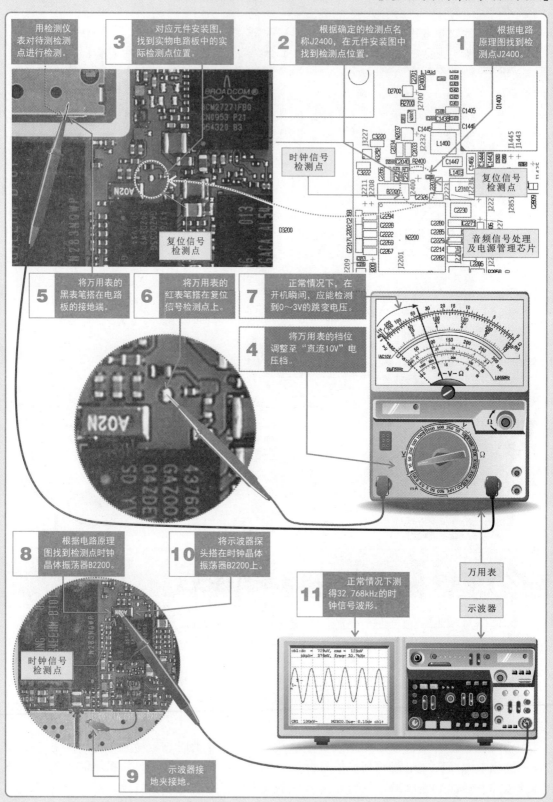

3 对应元件安装图，找到实物电路板中的实际检测点位置。

用检测仪表对待测检测点进行检测。

2 根据确定的检测点名称J2400，在元件安装图中找到检测点位置。

1 根据电路原理图找到检测点J2400。

时钟信号检测点

复位信号检测点

复位信号检测点

音频信号处理及电源管理芯片

5 将万用表的黑表笔搭在电路板的接地端。

6 将万用表的红表笔搭在复位信号检测点上。

7 正常情况下，在开机瞬间，应能检测到0～3V的跳变电压。

4 将万用表的档位调整至"直流10V"电压档。

万用表

示波器

8 根据电路原理图找到检测点时钟晶体振荡器B2200。

10 将示波器探头搭在时钟晶体振荡器B2200上。

11 正常情况下测得32.768kHz的时钟信号波形。

时钟信号检测点

9 示波器接地夹接地。

10.2.4 电源管理芯片的检测方法

电源管理芯片是电源及充电电路中的核心模块，若该芯片损坏将引起智能手机供电、充电异常。检测时，在基本工作条件正常的前提下，可使用万用表检测该芯片输出的各路直流电压是否正常进行判断。若电源管理芯片输出的各路直流电压正常，则说明电源管理芯片正常；若无直流电压输出，则说明电源管理芯片损坏。

【电源管理芯片的检测方法】

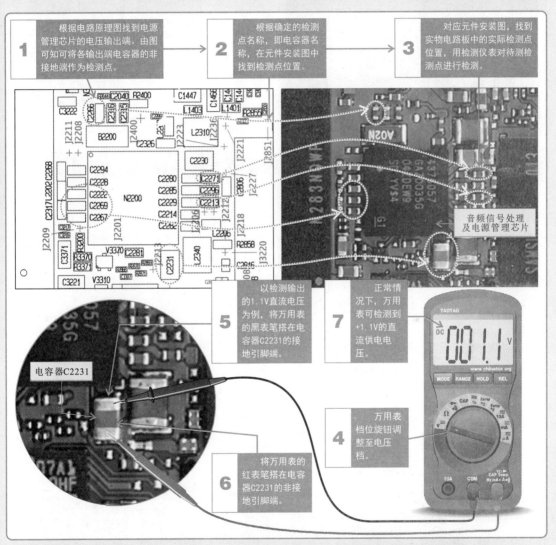

1 根据电路原理图找到电源管理芯片的电压输出端。由图可知可将各输出端电容器的非接地端作为检测点。

2 根据确定的检测点名称，即电容器名称，在元件安装图中找到检测点位置。

3 对应元件安装图，找到实物电路板中的实际检测点位置，用检测仪表对待测检测点进行检测。

音频信号处理及电源管理芯片

5 以检测输出的1.1V直流电压为例，将万用表的黑表笔搭在电容器C2231的接地引脚端。

7 正常情况下，万用表可检测到+1.1V的直流供电电压。

电容器C2231

4 万用表档位旋钮调整至电压档。

6 将万用表的红表笔搭在电容器C2231的非接地引脚端。

10.2.5 电流检测电阻的检测方法

电流检测电阻用于对充电过程中电流的检测，若该电阻损坏将引起智能手机充电异常。检测时可使用万用表检测该电阻器两端的阻值进行判断。若电流检测电阻正常，则说明充电控制芯片可能损坏；若电流检测电阻损坏，则需更换电流检测电阻排除故障。

【电流检测电阻的检测方法】

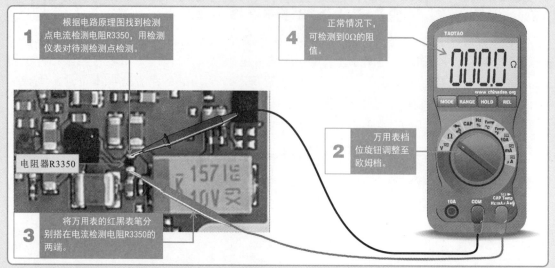

1 根据电路原理图找到检测点电流检测电阻R3350，用检测仪表对待测检测点检测。

4 正常情况下，可检测到0Ω的阻值。

电阻器R3350

2 万用表档位旋钮调整至欧姆档。

3 将万用表的红黑表笔分别搭在电流检测电阻R3350的两端

10.2.6 充电控制芯片的检测方法

充电控制芯片是在微处理器的控制下对电池进行充电的集成电路，若该芯片损坏，将直接导致智能手机电池不能充电的故障。检测时，在基本工作条件正常的前提下，可使用万用表检测该芯片输入、输出端的充电电压进行判断。若充电控制芯片输入端充电电压正常，而输出端无充电电压输出，则说明充电控制芯片或前级控制电路损坏，需要进一步检修；若输入端无充电电压输入，则说明前端部件，如充电器接口、USB接口等出现异常，检修时应重点检查，从而排除故障。

【充电控制芯片的检测方法】

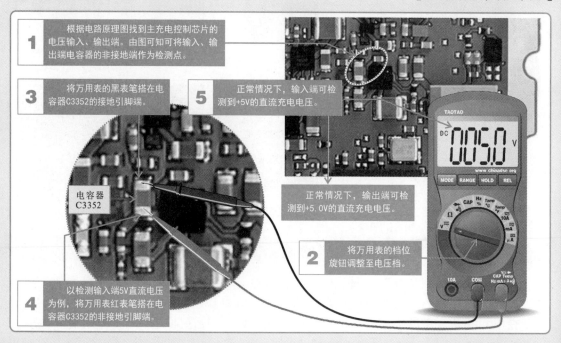

1 根据电路原理图找到主充电控制芯片的电压输入、输出端。由图可知可将输入、输出端电容器的非接地端作为检测点。

3 将万用表的黑表笔搭在电容器C3352的接地引脚端。

5 正常情况下，输入端可检测到+5V的直流充电电压。

电容器C3352

正常情况下，输出端可检测到+5.0V的直流充电电压。

2 将万用表的档位旋钮调整至电压档。

4 以检测输入端5V直流电压为例，将万用表红表笔搭在电容器C3352的非接地引脚端。

第11章 操作及屏显电路的结构原理与检修训练

11.1
操作及屏显电路的结构原理

11.1.1 操作及屏显电路的结构

操作及屏显电路是智能手机实现人机交互的电路，它是将输入的人工指令信号送入微处理器及数据处理电路中进行相应处理，然后由微处理器及数据处理电路根据识别的人工指令输出相应的信号，将智能手机当前的工作状态及数据信息等显示数据送入屏显电路中进行处理，最后由显示器件进行显示。

【操作及屏显电路的结构】

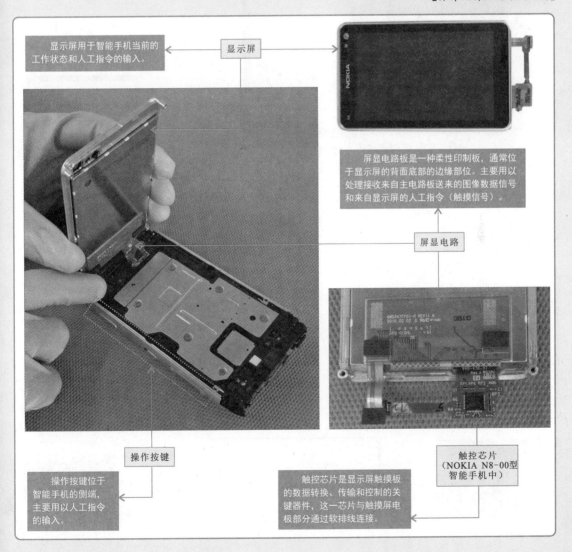

显示屏用于智能手机当前的工作状态和人工指令的输入。

显示屏

屏显电路板是一种柔性印制板，通常位于显示屏的背面底部的边缘部位。主要用以处理接收来自主电路板送来的图像数据信号和来自显示屏的人工指令（触摸信号）。

屏显电路

操作按键

触控芯片
（NOKIA N8-00型智能手机中）

操作按键位于智能手机的侧端，主要用以人工指令的输入。

触控芯片是显示屏触摸板的数据转换、传输和控制的关键器件，这一芯片与触摸屏电极部分通过软排线连接。

11.1.2 操作及屏显电路的工作原理

根据操作及屏显电路中各主要部件的功能特点的不同，该电路整个信号的处理过程大致分可为两条主线，即"指令输入"和"状态输出"。

当输入人工指令时，用户通过按动操作按键或点击触摸板，将人工指令送入微处理器及数据处理芯片中；微处理器及数据处理电路根据识别的人工指令信号做出相应动作，控制工作状态的变化，同时将当前的工作状态及数据信息等显示数据，送入图像显示处理器及指示灯驱动电路中。

【典型智能手机中操作及屏显电路的工作流程】

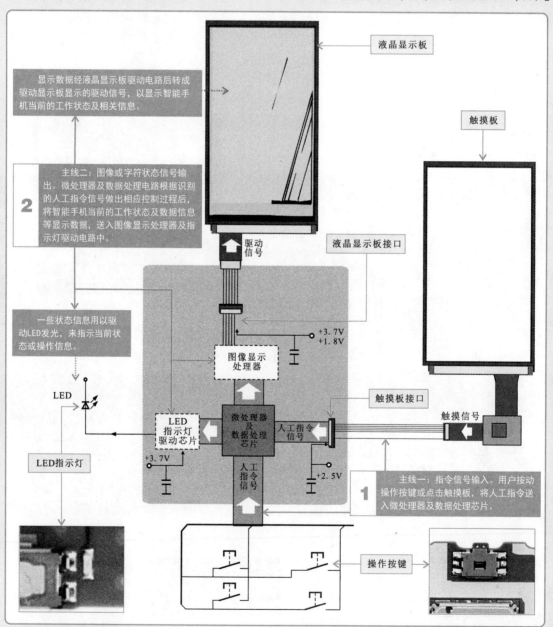

下面我们以实际智能手机中的操作及屏显电路为例讲解具体的工作过程。

NOKIA N8-00型智能手机采用的是电容式触摸屏，触控芯片设置在排线组件上，通过触摸屏接口与智能手机主电路板连接。

当用户触摸显示屏时，手指表层与触摸屏接触，使得触摸屏上触点处电容发生变化，该变化经触控芯片处理后，输出触摸信号，经触摸屏接口X2500后，通过I²C总线和中断信号线送入智能手机主电路板中，经电平转换器N2500进行电平转换后，送入微处理器及数据处理芯片D2800中。另外，触摸屏组件中的触控芯片工作需要VAUX2提供2.5V电压，也可由触摸屏接口送入。

【触摸板及接口电路的信号流程分析】

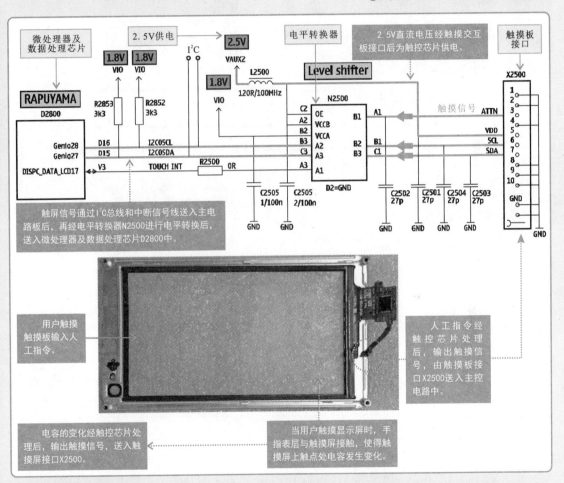

操作按键电路也是智能手机中重要的"指令输入"电路，当用户操作相应按键时，即可向智能手机中送入人工指令信息，由智能手机内部微处理器做出识别和处理后，控制智能手机执行相应的功能。

该电路中包括四个独立操作按键，各操作按键均直接连接到微处理器及数据处理芯片D2800中，当操作某一按键时，将D2800相应引脚对地，引脚电平发生变化，即向D2800送入人工指令，D2800对引脚电平变化进行识别后，输出相应控制信息，控制智能手机执行相应的功能。

【典型智能手机操作按键电路的信号流程分析】

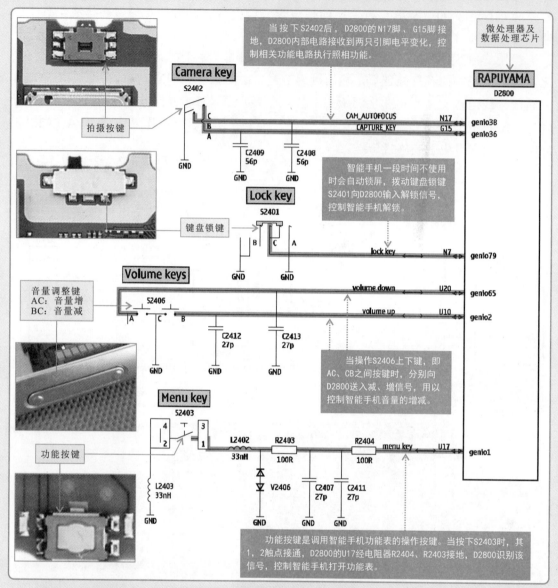

当按下S2402后，D2800的N17脚、G15脚接地，D2800内部电路接收到两只引脚电平变化，控制相关功能电路执行照相功能。

微处理器及数据处理芯片

RAPUYAMA

D2800

Camera key

S2402

拍摄按键

CAM_AUTOFOCUS N17 genio38

CAPTURE_KEY G15 genio36

C2409 56p

C2408 56p

GND GND GND

智能手机一段时间不使用时会自动锁屏，拨动键盘锁键S2401向D2800输入解锁信号，控制智能手机解锁。

Lock key

S2401

键盘锁键

lock key N7 genio79

GND GND

Volume keys

音量调整键
AC：音量增
BC：音量减

S2406

volume down U20 genio65

volume up U10 genio2

C2412 27p

C2413 27p

GND GND GND

当操作S2406上下键，即AC、CB之间按键时，分别向D2800送入减、增信号，用以控制智能手机音量的增减。

Menu key

S2403

L2402 33nH

R2403 100R

R2404 100R

menu key U17 genio1

功能按键

L2403 33nH

V2406

C2407 27p

C2411 27p

GND GND GND GND

功能按键是调用智能手机功能表的操作按键。当按下S2403时，其1，2触点接通，D2800的U17经电阻器R2404、R2403接地，D2800识别该信号，控制智能手机打开功能表。

　　指示灯电路是用来指示智能手机某种状态或正在执行的某项操作的电路，通常由LED指示灯及其驱动电路构成。NOKIA N8-00型智能手机中仅有功能按键指示灯V2420、V2422和充电指示灯V2411，均由LED驱动芯片N2402驱动其工作。LED驱动芯片N2402由VBAT 3.7 V供电，VIO1.8 V使能其工作，另外，由音频时钟芯片提供32 kHz时钟信号，使其与系统保持同步。

　　显示屏电路是智能手机中主要的"状态输出"电路，也是实现人机交互操作的关键部分，几乎所有指令的输入及执行结果都最终由"显示屏电路"体现的。

　　显示屏通过显示屏接口X1600送入两路供电VIO（1.8V）和VBAT（3.7V）。图像显示处理器D1400将显示的数据和控制信息经显示屏接口X1600后送给显示屏。

【指示灯电路和显示屏电路的信号流程分析】

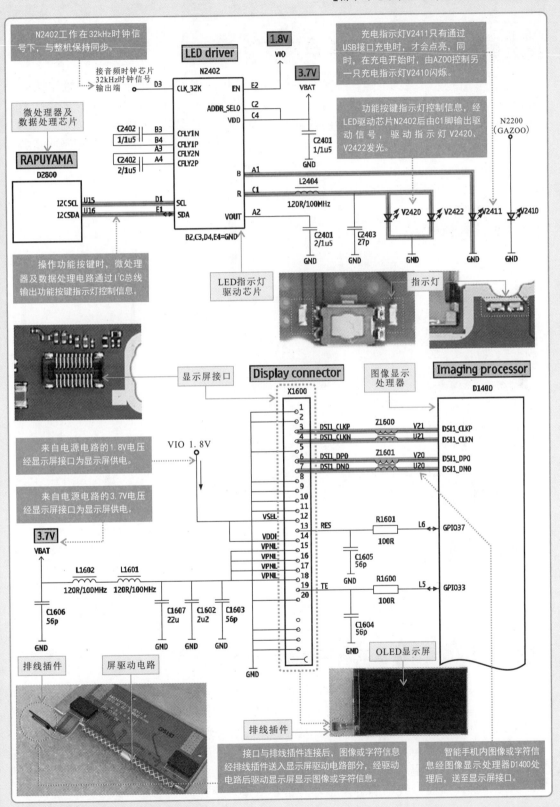

11.2
操作及屏显电路的检修方法

操作及屏显电路出现故障，经常会引起智能手机出现按键失灵、触摸屏触摸无效、显示异常、不显示、花屏、屏闪等现象。对该电路进行检修时，可依据操作及屏显电路的信号流程对可能产生故障的部位进行逐级排查。

【典型智能手机操作及屏显电路的检修方法】

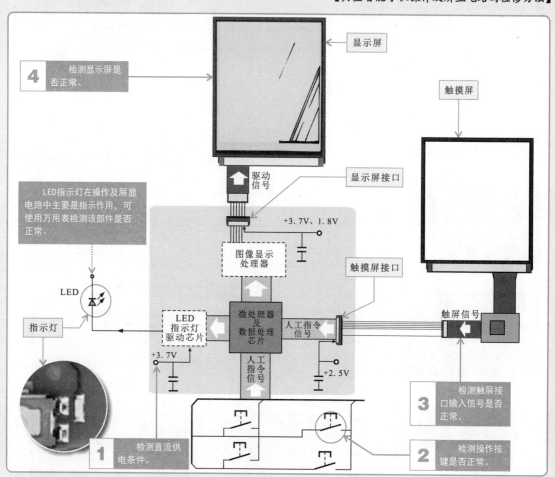

11.2.1 直流供电条件的检测方法

操作及屏显电路正常工作需要一定的工作电压，若供电电压不正常，各功能部件便无法工作。因此，当操作及屏显电路某一部分功能失常引起故障时，首先应检测功能失常电路或部件的工作电压是否正常。

例如，触摸失灵或触摸功能失效时，除检查接口插接情况、排线连接情况外，首先应检查触摸板的供电电压是否正常。若供电正常，连接也正常，触摸功能仍无法正常使用，则多为触摸板及排线中的触控芯片异常，应整体更换。

【直流供电条件的检测方法】

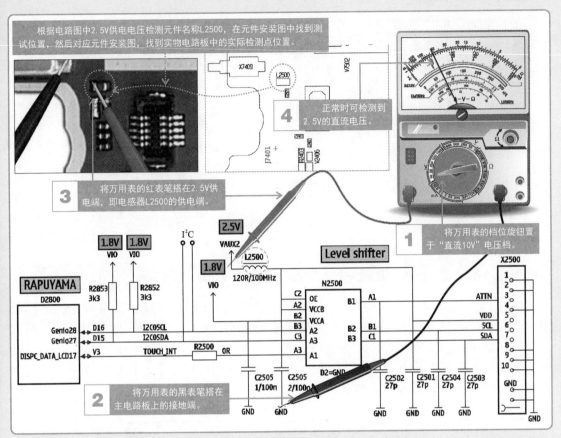

根据电路图中2.5V供电电压检测元件名称L2500，在元件安装图中找到测试位置，然后对应元件安装图，找到实物电路板中的实际检测点位置。

4 正常时可检测到2.5V的直流电压。

3 将万用表的红表笔搭在2.5V供电端，即电感器L2500的供电端。

1 将万用表的档位旋钮置于"直流10V"电压档。

2 将万用表的黑表笔搭在主电路板上的接地端。

11.2.2 操作按键的检测方法

操作按键损坏经常会引起智能手机相应控制失灵的故障，检修时，可使用万用表检测操作按键的通断情况，以判断操作按键是否损坏。

【操作按键的检测方法】

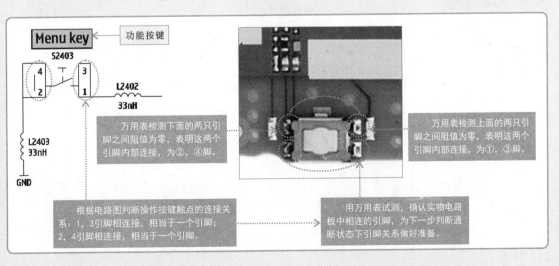

万用表检测下面的两只引脚之间阻值为零，表明这两个引脚内部连接，为②，④脚。

万用表检测上面的两只引脚之间阻值为零，表明这两个引脚内部连接，为①，③脚。

根据电路图判断操作按键触点的连接关系：1，3引脚相连接，相当于一个引脚；2，4引脚相连接，相当于一个引脚。

用万用表试测，确认实物电路板中相连的引脚，为下一步判断通断状态下引脚关系做好准备。

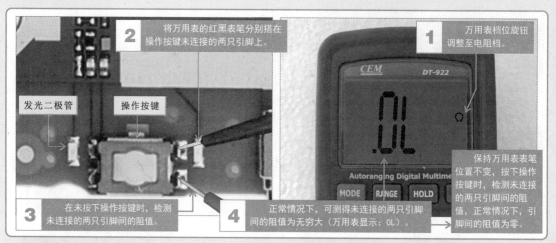

2 将万用表的红黑表笔分别搭在操作按键未连接的两只引脚上。

1 万用表档位旋钮调整至电阻档。

发光二极管

操作按键

3 在未按下操作按键时，检测未连接的两只引脚间的阻值。

4 正常情况下，可测得未连接的两只引脚间的阻值为无穷大（万用表显示：OL）。

保持万用表表笔位置不变，按下操作按键时，检测未连接的两只引脚间的阻值，正常情况下，引脚间的阻值为零。

11.2.3 触摸板及相关信号的检测方法

触摸板通过排线组件、触摸板连接插件、触摸板接口与智能手机主电路板进行通信，因此判断触摸板的好坏首先应检查触摸板排线有无折断、插件连接是否正常、接口处有无氧化腐蚀等现象。若上述检查均正常，而且在供电条件正常的前提下，可检测触摸板输出的触摸信号是否正常。若外围条件均正常，无触摸信号输出，则多为触摸板及触控芯片部分损坏，应进行整体更换。

【触摸板输出触摸信号的检测方法】

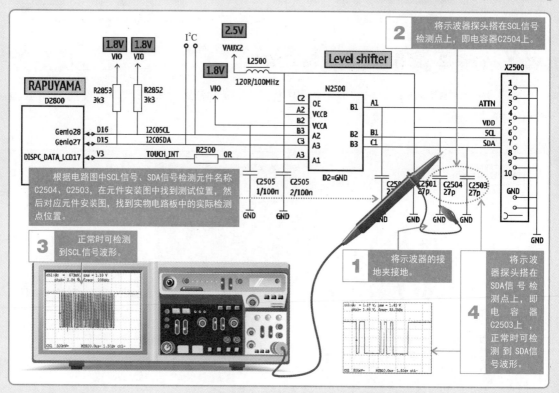

2 将示波器探头搭在SCL信号检测点上，即电容器C2504上。

3 正常时可检测到SCL信号波形。

1 将示波器的接地夹接地。

4 将示波器探头搭在SDA信号检测点上，即电容器C2503上，正常时可检测到SDA信号波形。

根据电路图中SCL信号、SDA信号检测元件名称C2504、C2503，在元件安装图中找到测试位置，然后对应元件安装图，找到实物电路板中的实际检测点位置。

11.2.4 液晶显示板及相关信号的检测方法

显示屏显示异常大多是由屏线连接不良、损坏等引起的，因此检测显示屏时，应首先检查液晶显示板的连接是否正常、屏线本身有无破损、断裂等。

若屏线正常，显示屏仍无法显示，则可在供电条件正常的前提下，检测液晶显示板接口处输出的屏显数据信号是否正常。若无屏显数据信号，则应检查前级微处理器及数据处理电路部分；若屏显数据信号正常，仍无法显示，则多为液晶显示板及液晶显示板电路故障，应整体更换。

【液晶显示板及相关信号的检测方法】

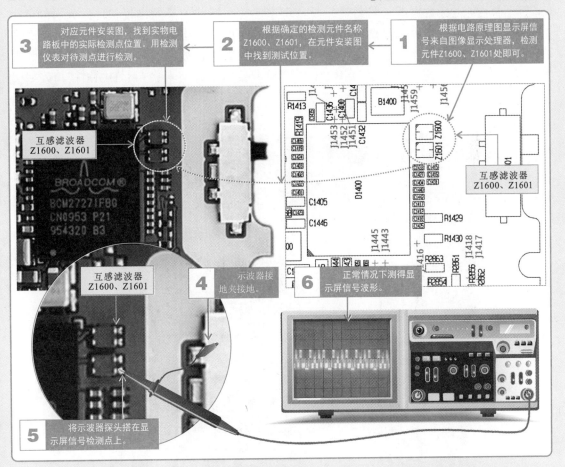

3 对应元件安装图，找到实物电路板中的实际检测点位置。用检测仪表对待测点进行检测。

2 根据确定的检测元件名称Z1600、Z1601，在元件安装图中找到测试位置。

1 根据电路原理图显示屏信号来自图像显示处理器，检测元件Z1600、Z1601处即可。

互感滤波器 Z1600、Z1601

互感滤波器 Z1600、Z1601

互感滤波器 Z1600、Z1601

4 示波器接地夹接地。

6 正常情况下测得显示屏信号波形。

5 将示波器探头搭在显示屏信号检测点上。

特别提醒

LED状态指示灯实质上就是发光二极管，其损坏主要表现为不发光或无指示，检测时可用万用表检测正反向阻值的方法判断好坏。使用数字万用表的二极管档判断二极管好坏时，用数字万用表的红表笔搭在二极管正极，黑表笔搭在二极管负极测一个数值X1；调换表笔后再次测量测得另一个数值X2。根据测得两个数值的大小即可判断二极管的好坏。

● 若X1为一个固定的数值，X2读数显示"OL"（无穷大），则说明该二极管正常。

● 若X1、X2均显示"OL"，则说明二极管开路。

● 若X1、X2均为很小的数值，则说明二极管短路。

使用指针万用表判别发光二极管好坏时，将量程旋钮设置在"R×1"欧姆档，用黑表笔搭在二极管的正极，红表笔搭在二极管的负极测量正向阻值（若用数字万用表测正向阻值，应将红表笔搭在二极管正极，黑表笔搭在负极），若指针万用表指示一定阻值，同时发光二极管会点亮（若指针万用表输出电流足够），即说明二极管正常。

第12章　接口电路的结构原理与检修训练

12.1
接口电路的结构原理

12.1.1　接口电路的结构

　　接口电路是智能手机中最常见、最基本的电路之一，它主要用于智能手机与外部设备或配件之间进行数据或信号传输，是一个以实现数据或信号的接收和发送为目的的电路单元。接口电路实际上是由各种接口及相关外围电路等构成的数据传输电路。由于不同类型智能手机的具体配置不同，所设计接口的数量和种类也不同，直接从智能手机外观来看，较常见的接口主要有USB接口、SIM卡接口、存储卡接口、HDMI接口及耳麦接口等。

【典型智能手机接口电路的结构】

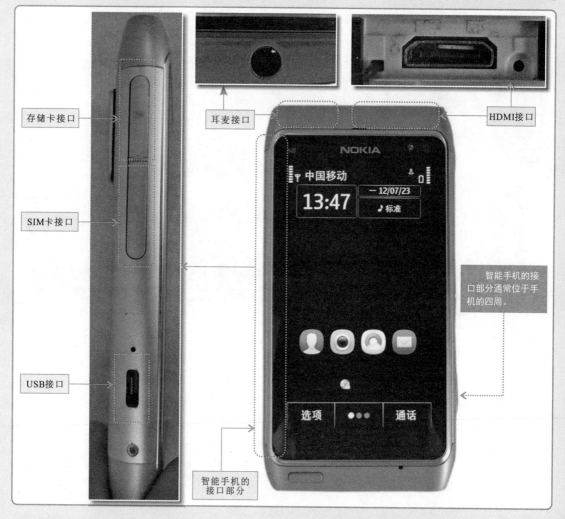

12.1.2 接口电路的工作原理

接口电路接收数据时，外接设备或配件中的数据信号经接口送入接口电路中，经接口电路中的数据处理或传输单元，对接收的数据进行处理或传输，处理后的数据输出并送往前级电路中。

接口电路发送数据时，由接口电路的前级电路输出及发送数据信息，该信息经接口电路中的数据处理或传输单元对发送的数据进行处理或传输，处理后的数据信号经接口送往外部连接的设备或配件中。

【接口电路的工作流程】

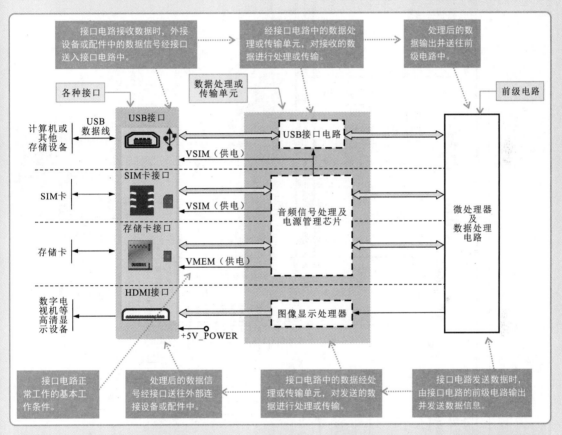

(1)USB接口　它是智能手机中应用最为广泛的接口之一，它与外围元器件构成USB接口电路，通过与智能手机配备的USB数据线连接，实现智能手机与计算机、笔记本电脑等外部设备间的数据存取。

当智能手机通过USB接口和USB数据线与计算机等设备的USB接口进行连接后，智能手机USB接口中的VBUS脚电压上升到5V，计算机等设备通过USB接口为智能手机充电。同时，经智能手机USB接口的识别脚（ID）识别到与计算机等设备的连接。

当智能手机被计算机等设备识别后，通过USB接口数据端（D+、D-）进行数据的接收和传送，即实现智能手机与计算机等设备之间的信号传输。

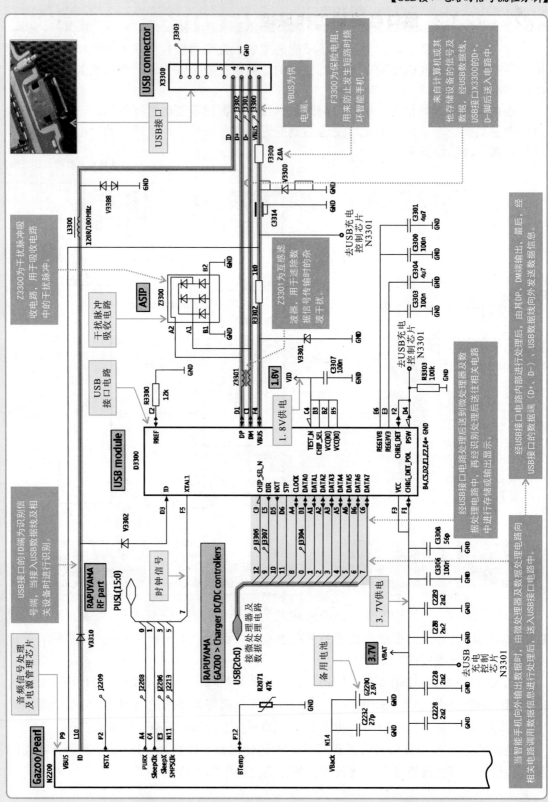

(2)SIM卡接口 也称为SIM卡座，用于承载智能手机的SIM卡，是智能手机中的关键接口。SIM卡接口与外围电路构成SIM卡接口电路，实现智能手机对SIM卡中信息的读取。

SIM卡接口⑨脚为开关检测端，经R2700后接VOUT 2.5V电压，为高电平。当插入SIM卡后，⑨脚信号被拉低，经反相器D2700后，加到音频信号处理及电源管理芯片N2200的F9脚（SimDetx：SIM卡检测信号端），N2200检测到SIM卡被安装在智能手机上，启动N2200内的SIM接口电路。

N2200内的SIM接口电路启动后，由N2200的H11脚输出SIM复位信号至SIM卡接口的②脚，使SIM卡内部电路复位。开机后，通过SIM卡接口X2700的⑦脚总线数据端，读取SIM卡中的信息，该信息再经音频信号处理及电源管理芯片N2200后送至微处理器及数据处理芯片D2800中。

【SIM卡接口电路的信号流程分析】

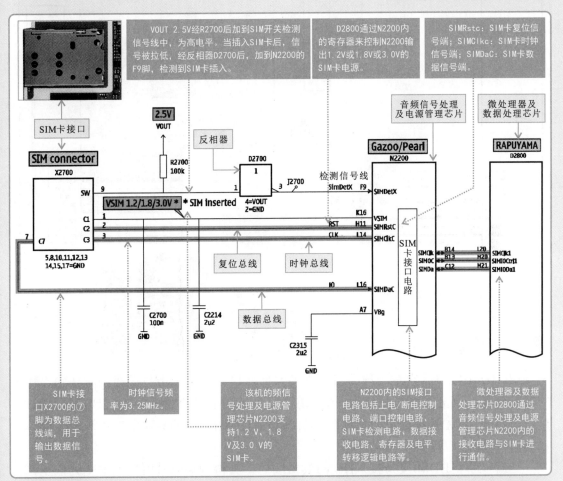

(3)存储卡接口 也称为存储卡座，用于承载扩展存储卡，扩大手机的存储容量，是智能手机中的重要接口。存储卡接口与外围电路构成存储卡接口电路，通过该接口电路可实现对智能手机中多媒体文件的存取。

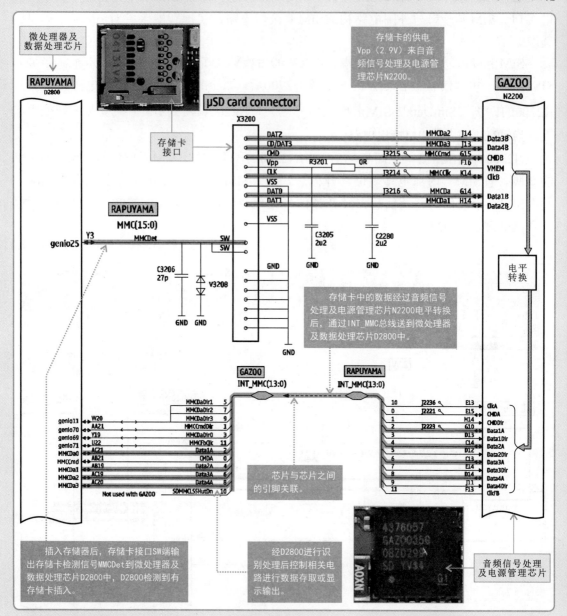

(4) HDMI接口　它是一种高清晰度多媒体接口，可用一组数据线同时传输无压缩的音频信号及高分辨率视频信号。HDMI接口与外围电路构成HDMI接口电路，通过该接口电路及HDMI数据线可实现智能手机与设有HDMI接口的高清电视机等设备的连接和数据传输。

当智能手机HDMI接口接入HDMI数据线后，其检测端SW1由高电平变为低电平，该检测信号送入微处理器及数据处理芯片D2800的AA10脚，D2800检测到HDMI数据线接入。智能手机中的HDMI信号由图像显示处理器D1400输出，经互感滤波器Z1650～Z1653滤波、干扰脉冲吸收电路N1653吸收干扰脉冲后，由HDMI接口X1650输出。

【HDMI接口电路的信号分析流程】

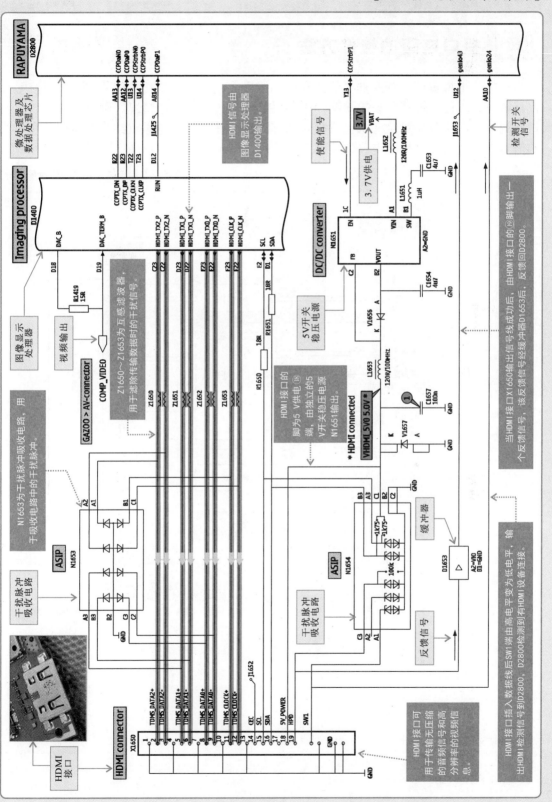

12.2 接口电路的检修方法

　　智能手机很多接口都是通过簧片和印制线平面相互接触来传输信号的，如果接触部位有锈蚀、氧化、簧片断裂等情况，则会引起信号传输丢失的情况。因此，对接口电路进行测试时，应首先对这些部位进行除锈和清洁处理，然后再重点结合故障表现和电路的信号传输关系，对相关电路中关键点的信号、电压及接口本身进行逐一排查。

【典型智能手机接口电路的检修方法】

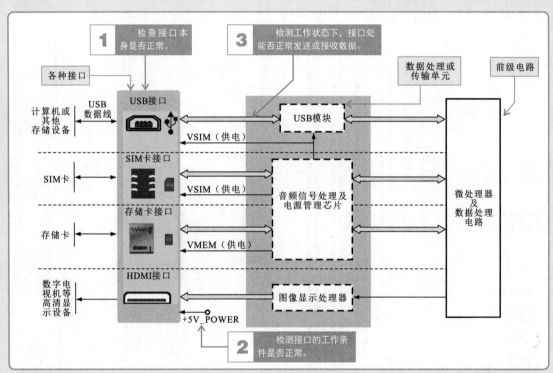

特别提醒

　　不同类型的接口电路的具体检测的部位和信号波形、电压参数也不相同，但基本的检修方法和思路相似。

　　针对不同的接口电路，其出现故障后的表现也具有明显的特征，因此分析和明确具体的故障表现，进而判定大体的故障范围十分必要。

　　● USB接口电路的检修

　　USB接口引脚脱焊、虚焊或触点氧化，多会造成不能使用USB数据线与计算机等设备进行连接，应对该接口引脚进行清洁以及重新焊接，并检查外围电路中的相关元器件。

　　● SIM卡接口电路的检修

　　SIM卡接口电路故障，主要会引起智能手机不能识别SIM卡。应首先排除因SIM卡损坏造成的手机不能识别SIM卡故障，重点检查SIM卡接口电路及接口触点部分。

　　● 存储卡接口电路的检修

　　存储卡接口电路故障，会引起智能手机不能识别存储卡。应首先检测存储卡接口引脚焊点是否有虚焊、脱焊现象，触点是否被氧化，对其进行清洁，若还不能正常识别存储卡，则检测存储卡接口电路周围的元器件，更换损坏元器件即可。

　　● HDMI接口电路的检修

　　HDMI接口电路故障，则会引起智能手机不能通过HDMI数据线与外部显示设备建立连接。应首先排除所连接设备间HDMI接口是否匹配，是否需要数据格式的转换，若接口及数据线均匹配，应重点检查HDMI接口及接口电路中的相关元器件。

12.2.1　接口本身的检查方法

　　接口是智能手机接口电路中故障率较高的部件，特别是在工作环境差、插接操作频繁、操作不规范情况下，接口引脚锈蚀、断裂、松脱的情况较常见，因此对接口本身进行检查和测量是接口电路测试中的重要环节。

【接口本身的检查方法】

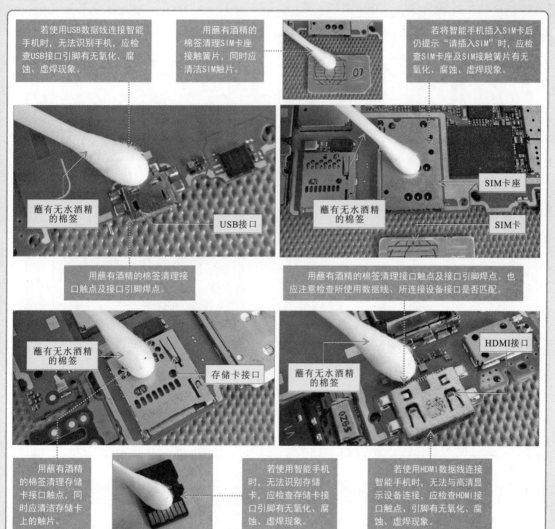

若使用USB数据线连接智能手机时，无法识别手机，应检查USB接口引脚有无氧化、腐蚀、虚焊现象。

用蘸有酒精的棉签清理SIM卡座接触簧片，同时应清洁SIM触片。

若将智能手机插入SIM卡后仍提示"请插入SIM"时，应检查SIM卡座及SIM接触簧片有无氧化、腐蚀、虚焊现象。

蘸有无水酒精的棉签

USB接口

蘸有无水酒精的棉签

SIM卡座

SIM卡

用蘸有酒精的棉签清理接口触点及接口引脚焊点。

用蘸有酒精的棉签清理接口触点及接口引脚焊点。也应注意检查所使用数据线、所连接设备接口是否匹配。

蘸有无水酒精的棉签

存储卡接口

蘸有无水酒精的棉签

HDMI接口

用蘸有酒精的棉签清理存储卡接口触点，同时应清洁存储卡上的触片。

若使用智能手机时，无法识别存储卡时，应检查存储卡接口引脚有无氧化、腐蚀、虚焊现象。

若使用HDMI数据线连接智能手机时，无法与高清显示设备连接，应检查HDMI接口触点、引脚有无氧化、腐蚀、虚焊现象。

12.2.2　接口工作电压的检测方法

　　各种接口的工作都需要满足正常的工作条件，否则即使接口本身正常，也无法正常工作。因此，检测接口电路时，测量其工作条件是十分重要的环节。

　　一般情况下，当接口部分的直流供电电压正常时，即可满足其基本的工作条件，可用万用表对该直流电压进行测量。

图解智能手机维修快速入门

【接口工作电压的检测方法】

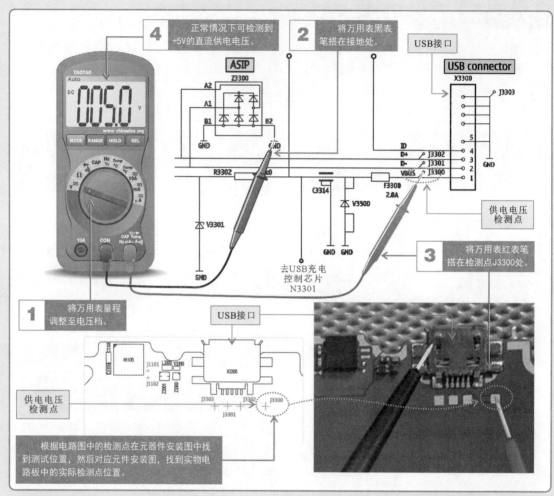

4 正常情况下可检测到 +5V 的直流供电电压。

2 将万用表黑表笔搭在接地处。

1 将万用表量程调整至电压档。

3 将万用表红表笔搭在检测点 J3300 处。

供电电压检测点

去 USB 充电控制芯片 N3301

USB 接口

根据电路图中的检测点在元器件安装图中找到测试位置，然后对应元件安装图，找到实物电路板中的实际检测点位置。

特别提醒

若实测接口处的直流供电电压正常，而接口仍无法工作，则应进一步检测接口本身是否正常；若无电压或电压异常，应进一步测量该供电电路中的相关元器件。

 12.2.3 接口电路传输信号的检测方法

若经初步检查，确认接口本身、工作条件均正常的前提下，可用示波器检测接口处的数据或信号波形，一个接口电路只要接口引脚处有信号，则说明该接口能够传送或接收到数据或信号。不同类型的接口，传送数据或信号的类型有所区别，但检修的方法基本相同，下面我们以检测SIM卡接口信号的方法为例介绍一下具体的检测方法。

若接口处无任何信号，则可能为外部设备异常或接口异常。在确保外部设备正常的前提下，应对接口及相关电路进行检测；接口是接口电路中信号发送和接收的关键部件，若接口处能够检测到外部送入的信号而无发送的信号，则可能为接口电路中的数据处理或传输单元、前级电路故障，可针对具体电路结构对相关元器件进行进一步判断。

【接口电路传输信号的检测方法】

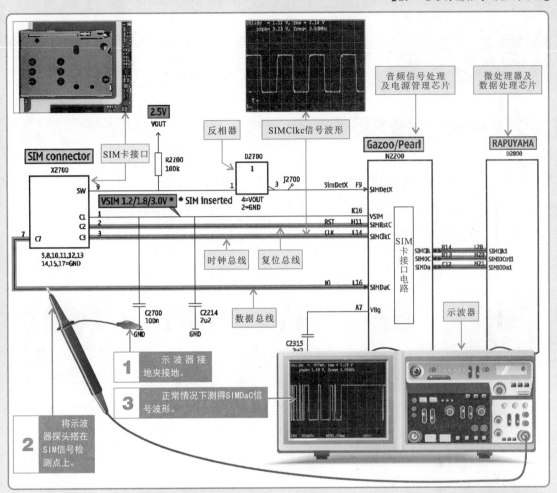

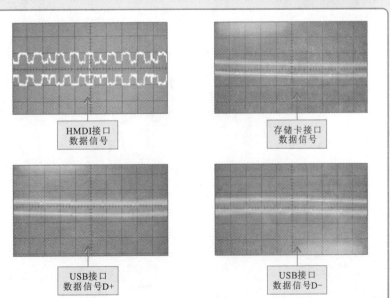

1 示波器接地夹接地。

2 将示波器探头搭在SIM信号检测点上。

3 正常情况下测得SIMDaC信号波形。

特别提醒

　　需要注意的是，检测接口的数据信号时，应将接口与相应的设备或配件进行连接，并使其处于数据传输状态下，再进行检测，例如，将智能手机的USB接口与计算机连接，向智能手机中存储一些图片或音乐文件，使USB接口有数据传输。

　　若能够测试传输的数据信号表明接口电路正常；若无法测得数据信号，且在接口本身、工作条件及数据线均正常的前提下，多为接口电路中存在故障，不同接口电路中传输的数据或信号类型不同，但其检测方法均相同，例如，USB接口传输数据（D+、D-）信号波形、存储卡接口数据（MMCDa0～MMCDa3）信号波形、HDMI接口数据（TDMS_DATA+、TDMS_DATA-）信号波形。

HMDI接口数据信号

存储卡接口数据信号

USB接口数据信号D+

USB接口数据信号D-

第13章 其他电路的故障表现与检修方法

13.1
摄像与照相电路的结构原理与检修方法

第13章

13.1.1 摄像与照相电路的结构原理

1. 摄像与照相电路的结构

摄像与照相电路是用来实现拍摄照片及视频的功能，在智能手机中通常会安装有两个摄像头，即后置摄像头（主摄像头）、前置摄像头，一般安装在整机的背部和前部。

【摄像与照相电路的结构】

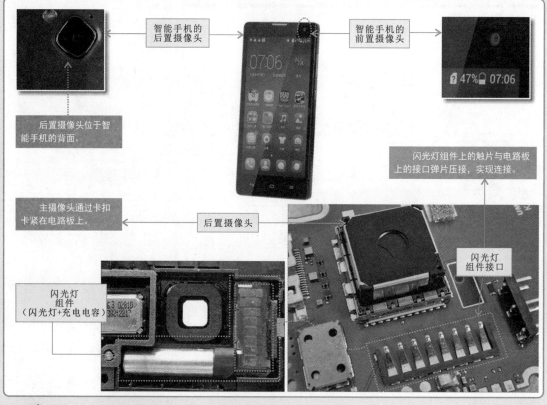

2.摄像与照相电路的工作原理

摄像与照相电路在智能手机中是使用率较高的电路之一，该部分电路可以实现拍摄照片、摄像等功能，并将图像信息送往图像显示处理器中进行处理，最终送入微处理器及数据信号处理芯片中。

【典型智能手机中摄像与照相电路的工作流程】

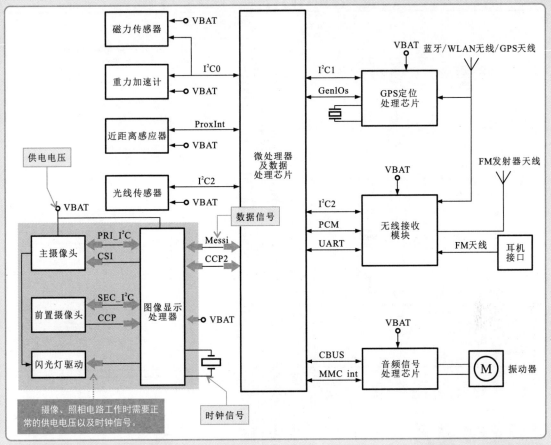

下面，我们以NOKIA N8-00型智能手机为例，对摄像与照相电路的工作原理进行简单分析：

NOKIA N8-00型智能手机的主摄像头通过插件X1476与主电路板关联，与前置摄像头H1487均由图像显示处理器D1400对数据处理。其中，主摄像头工作时需要3.7V、2.8V和1.8V三组电压供电，由电池或经稳压调整器N1515、N1517处理后，经插件X1476供给；前置摄像头需要2.8V和1.8V两组电压供电，这两组供电也由稳压调整器N1515、N1517供给。

图像显示处理器具有显示控制、拍摄处理、HDMI视频输出、TV-OUT视频输出、256MBSDRAM存储器存储信息等多种功能；该处理器工作时需要3.7V、1.8V、2.5V和2.78V等多组供电。当用户通过拍摄按键控制摄像头进行拍摄等动作时，首先送入手机数据处理芯片中，再经图像显示处理器D1400转变为控制信号，送入摄像头组件中，控制摄像头工作。

主摄像头通过CSI总线（CSI_D1+、CSI_D1-、CSI_D2+、CSI_D2-、CSI_CLK+、CSI_CLK-）传递图像信息到图像显示处理器D1400。

前置摄像头通过CCP总线（DATA+、DATA-、CLK+、CLK-）传递图像信息到图像显示处理器D1400。

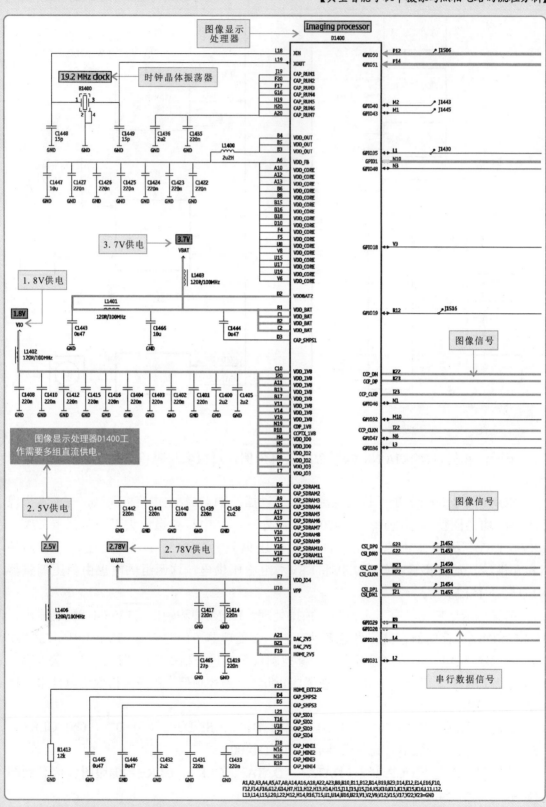

【典型智能手机中摄像与照相电路的流程分析（续）】

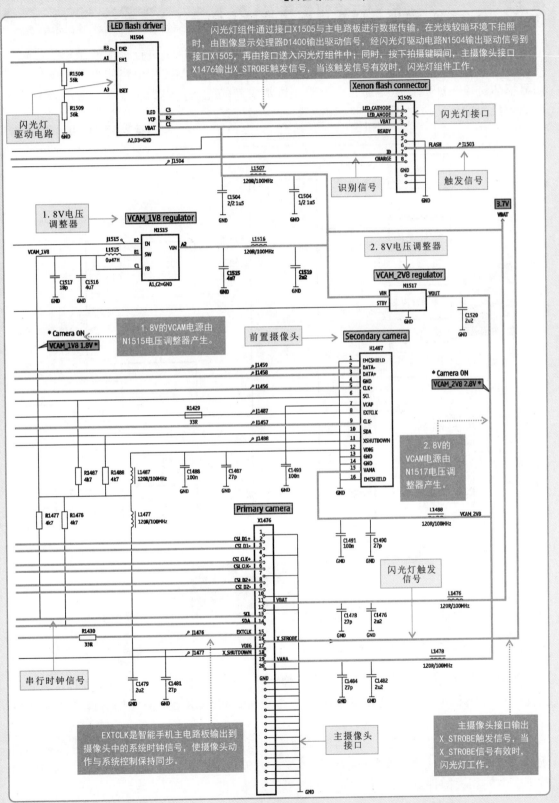

闪光灯组件通过接口X1505与主电路板进行数据传输。在光线较暗环境下拍照时，由图像显示处理器D1400输出驱动信号，经闪光灯驱动电路N1504输出驱动信号到接口X1505，再由接口送入闪光灯组件中；同时，按下拍摄键瞬间，主摄像头接口X1476输出X_STROBE触发信号，当该触发信号有效时，闪光灯组件工作。

13.1.2 摄像与照相电路的检修方法

摄像与照相电路出现故障后，主要会造成无法使用摄像头进行摄像或照相的故障，对摄像与照相电路检修时，可首先采用观察法，检查摄像与照相电路的主要元器件有无明显损坏迹象，如观察电路部分有无明显进水引起的元器件引脚氧化等。若从表面无法观测到故障部位，应对摄像与照相电路进行逐级排查。

【摄像与照相电路的检修分析】

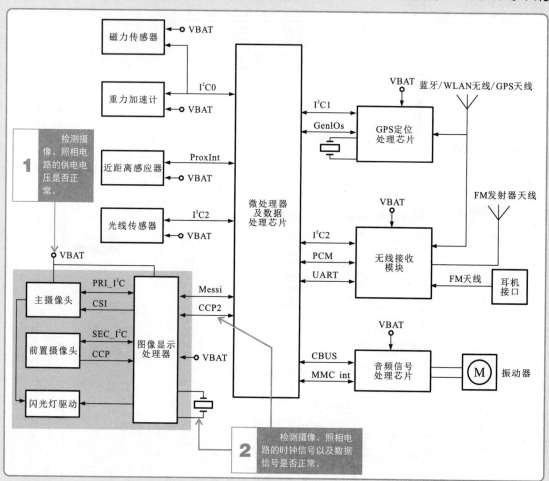

1. 直流供电电压的检测方法

当智能手机出现无法使用摄像、照相等功能，怀疑摄像与照相电路异常时，应首先检测摄像与照相电路中的基本供电电压是否正常，以NOKIA N8-00型智能手机为例进行检测。

若经检测直流供电正常，表明摄像与照相电路的供电部分正常，应进一步检测摄像、照相电路中的其他工作条件或信号波形。若无直流供电或直流供电异常，则应对前级供电中的相关部件进行检查，排除故障。

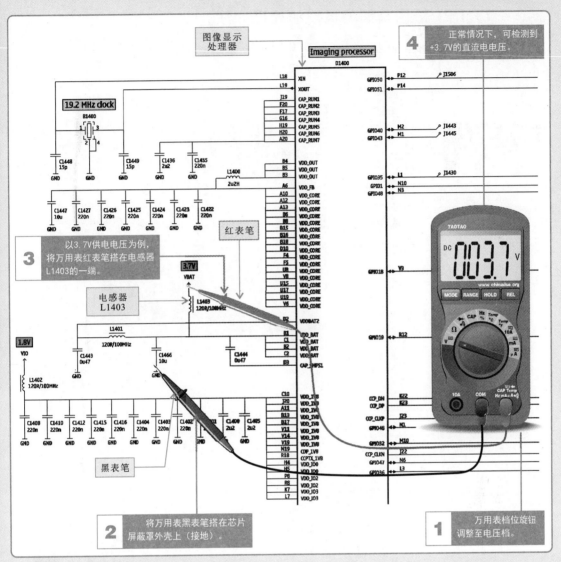

2. 时钟与数据信号波形的检测方法

　　摄像与照相电路的工作条件除了需要供电电压外，还需要时钟与数据信号才可以正常工作，因此当怀疑相应功能电路工作异常时，还应对时钟与数据信号进行检测。

　　若经检测时钟信号正常，则表明相应功能电路中的时钟信号条件能够满足，应进一步检测功能电路的数据信号。若时钟信号异常，则应进一步检测时钟信号相关元器件，更换损坏元器件，恢复摄像、照相功能电路的时钟信号。

　　检查摄像与照相电路直流供电及时钟信号均正常的前提下，还应检测各功能电路输入或输出的数据信号是否正常，即通过该关键点的测试判断摄像与照相电路中的相关功能模块是否工作。

【时钟与数据信号波形的检测方法】

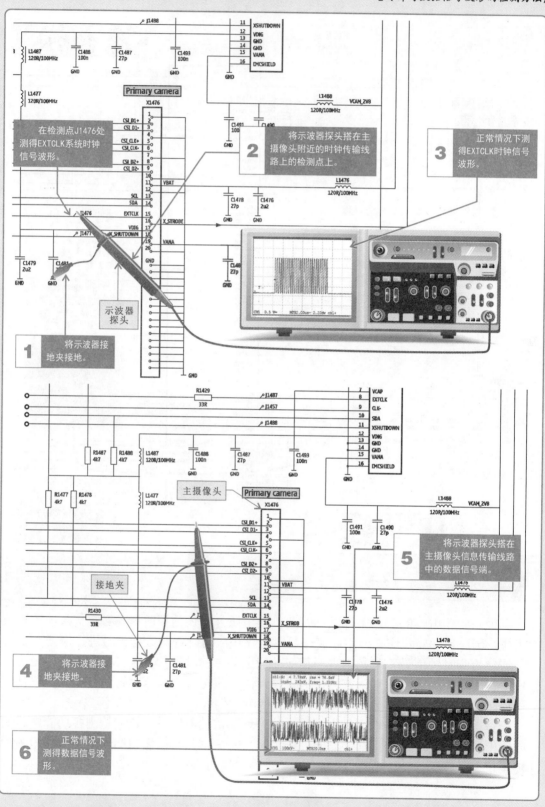

在检测点J1476处测得EXTCLK系统时钟信号波形。

2 将示波器探头搭在主摄像头附近的时钟传输线路上的检测点上。

3 正常情况下测得EXTCLK时钟信号波形。

1 将示波器接地夹接地。

示波器探头

4 将示波器接地夹接地。

接地夹

主摄像头

5 将示波器探头搭在主摄像头信息传输线路中的数据信号端。

6 正常情况下测得数据信号波形。

13.2
蓝牙电路的结构原理与检修方法

13.2.1 蓝牙电路的结构原理

1. 蓝牙电路的结构

蓝牙电路主要是实现智能手机之间无线传输数据的功能电路单元，该电路是智能手机中比较典型的辅助功能电路，这些电路通常位于主电路板的靠近边缘部分，蓝牙电路通常是由天线接收模块、天线模块等构成的。

【蓝牙电路的结构】

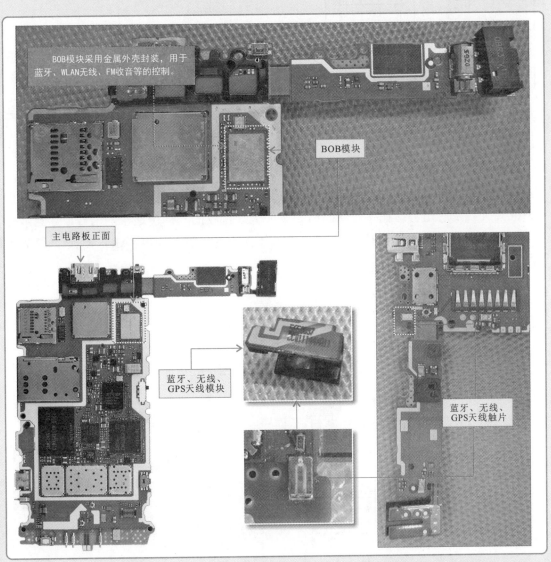

BOB模块采用金属外壳封装，用于蓝牙、WLAN无线、FM收音等的控制。

BOB模块

主电路板正面

蓝牙、无线、GPS天线模块

蓝牙、无线、GPS天线触片

2.蓝牙电路的工作原理

蓝牙电路是在功能模块的控制下，实现智能手机间无线短距离数据传输功能的。

【蓝牙电路的工作流程】

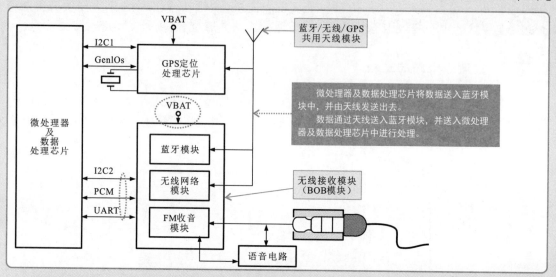

NOKIA N8-00型智能手机的蓝牙模块集成在无线接收模块（BOB模块）N6300中，由该模块进行控制；X6700为蓝牙电路天线模块的触点与天线模块连接。X6702为调频发射器天线触点。在发射状态时，需发射的数据信号经微处理器及数据处理芯片后，由UART_TX送入蓝牙模块中，再经处理后，送入滤波电路Z6300中，再经蓝牙天线触点X6700和天线发射出去；在接收状态时，蓝牙天线接收的外部传送来的信号，经滤波电路Z6300后，将信号送入N6300中，经内部蓝牙模块处理后，输出UART_RX送入微处理器及数据处理电路。

【典型智能手机中蓝牙电路的电路分析】

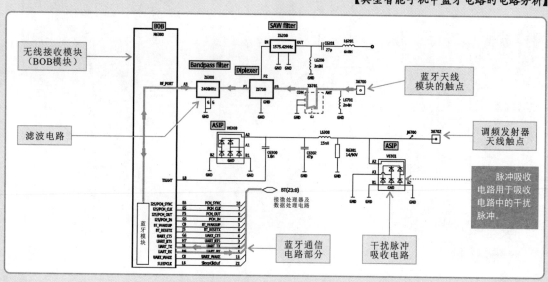

13.2.2 蓝牙电路的检修方法

蓝牙电路出现故障后，主要会造成智能手机无法短距离数据传输的故障，可首先采用观察法检查该电路中的主要元器件或部件有无明显损坏迹象，如观察芯片或元器件引脚是否虚焊、是否存在烧焦部位等，若从表面无法观测到故障部位，则需要按流程对蓝牙电路排查。

【蓝牙电路的检修方法】

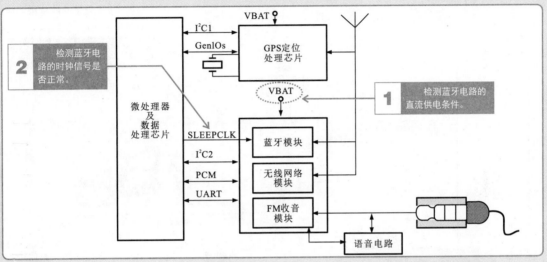

1. 直流供电电压的检测方法

蓝牙功能出现异常时，怀疑蓝牙电路部分可能出现故障，应先检测蓝牙电路的基本供电电压是否正常。若直流供电正常，表明蓝牙电路的供电部分正常，应进一步检测其他工作条件或信号波形。若无直流供电或供电异常，则应对电源电路故障排查。

【直流供电电压的检测方法】

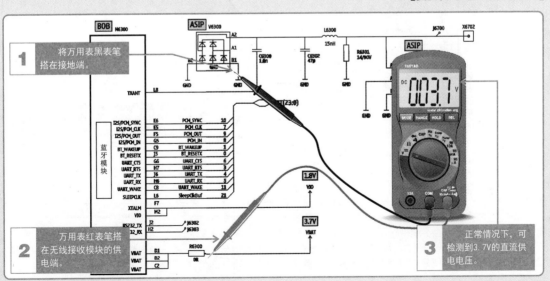

2. 时钟信号的检测方法

蓝牙电路的工作条件除了需要供电电压外，还需要正常的时钟信号才可以正常工作，因此怀疑蓝牙电路工作异常时，还应对时钟信号检测。

若经检测时钟信号正常，则表明蓝牙电路的时钟信号条件能够满足，应进一步检测其他工作条件或信号波形。若时钟信号异常，则应进一步检测为蓝牙电路提供时钟信号的电路及相关元器件，更换损坏元器件。

【时钟信号的检测方法】

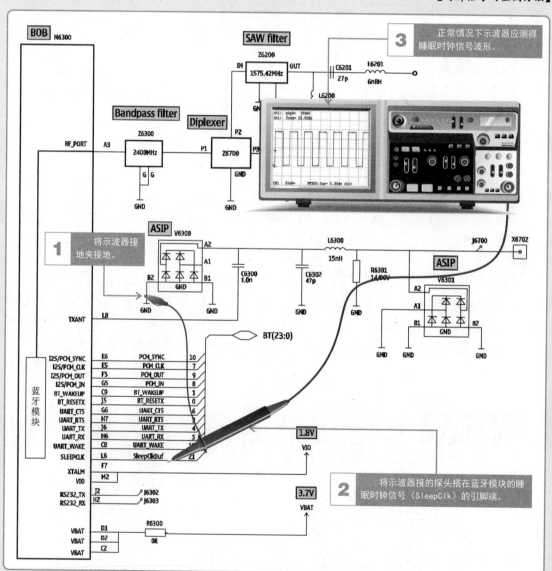

特别提醒

若检测蓝牙电路的供电电压、时钟信号均正常，在确保打开蓝牙功能的前提下，但仍不可以进行数据的传输，怀疑可能是天线接收模块出现故障，可采用替换法对该模块进行更换，若更换后可以正常传输数据，则表明天线接收模块损坏。